国民阅读经典

谈美书简
给青年的十二封信

朱光潜 著

中华书局

图书在版编目（CIP）数据

谈美书简　给青年的十二封信／朱光潜著．—北京：中华书局，2018.8（2023.8重印）
（国民阅读经典）
ISBN 978-7-101-13359-2

Ⅰ．谈… Ⅱ．朱… Ⅲ.①美学-研究②思想修养-青年读物 Ⅳ.①B83②D432.63

中国版本图书馆 CIP 数据核字（2018）第 159421 号

书　　名	谈美书简　给青年的十二封信	
著　　者	朱光潜	
丛 书 名	国民阅读经典	
责任编辑	聂丽娟　马　燕	
责任印制	管　斌	
出版发行	中华书局	
	（北京市丰台区太平桥西里 38 号　100073）	
	http://www.zhbc.com.cn	
	E-mail：zhbc@zhbc.com.cn	
印　　刷	三河市航远印刷有限公司	
版　　次	2018 年 8 月第 1 版	
	2023 年 8 月第 6 次印刷	
规　　格	开本/880×1230 毫米　1/32	
	印张 8¾　插页 2　字数 190 千字	
印　　数	23001-26000 册	
国际书号	ISBN 978-7-101-13359-2	
定　　价	25.00 元	

出版说明

在二十一世纪的当代中国，国民的阅读生活中最迫切的事情是什么？我们的回答是：阅读经典！

在承担着国民基础知识体系构建的中国基础教育被功利和应试扭曲了的今天，我们要阅读经典；当数字化、网络化带来的"信息爆炸"占领人们的头脑、占用人们的时间时，我们要阅读经典；当中华民族迈向和平崛起、民族复兴的伟大征程时，我们更要阅读经典。

经典是我们知识体系的根基，是精神世界的家园，是走向未来的起点。这就是我们编选这套《国民阅读经典》丛书的缘起，也因此决定了这套丛书的几个特点：

首先，入选的经典是指古今中外人文社科领域的名著。世界的眼光、历史的观点和中国的根基，是我们编选这套丛书的三个基本的立足点。

第二，入选的经典，不是指某时某地某一专业领域之内的重要著作，而是指历经岁月的淘洗、汇聚人类最重要的精神创造和知识积累的基础名著，都是人人应读、必读和常读的名著。

第三，入选的经典，我们坚持优中选优的原则，尽量选择最好的版本，选择最好的注本或译本。

我们真诚地希望，这套经典丛书能够进入你的生活，相伴你的左右。

中华书局编辑部

二〇一八年五月

目录

谈美书简

给青年的十二封信

附录

TanMen ShuJian

谈美书简

一 代前言：怎样学美学？

朋友们：

从 1965 年到 1977 年，我有十多年没有和你们互通消息了。"四人帮"反党集团被一举粉碎之后，我才得到第二次解放，怀着舒畅的心情和老骥伏枥的壮志，重理美学旧业，在报刊上发表了几篇文章。相识和不相识的朋友们才知道我这个本当"就木"的老汉居然还在人间，纷纷来信向我提出一些关于学习美学中所遇到的问题，使我颇有应接不暇之势。能抽暇回答的我就回答了，大多数却还来不及回答。我的健康状况，赖经常坚持锻炼，还不算太坏，但今年已八十二岁，毕竟衰老了，而且肩上负担还相当重，要校改一些译稿和文稿，带了两名西方文艺批评史方面的研究生，自己也还在继续学习和研究，此外因为住在首都，还有些要参加的社会活动，够得上说"忙"了。所以来信多不能尽回，对我是一个很大的精神负担。朋友们的不耻下问的盛情都很可感，我怎么能置之不理呢？都理吧，确实有困难，如何是好呢？

不久前，社会科学院外文所在广州召开了工作规划会议。在会议中碰见上海文艺出版社的同志，谈起我在解放前写的一本《谈美——给青年的第十三封信》，认为文字通俗易懂，颇合初学美学的青年们的需要，于是向我建议另写一部新的《谈美》，在这些年来不断学习马列主义、毛泽东思想的基础上，对美学上一些关键性的问题谈点新的认识。听到这个建议，我"灵机一动"，觉得这是一个好机会，让我给来信未复的朋友们作一次总的回答，比草草作复或许可以谈得详细一点。而且到了这样大年纪了，也该清理一下过去发表的美学言论，看看其中有哪些是放毒，有哪些还可继续商讨。放下这个包袱之后，才可轻装上路，去见马克思。这不免使我想起孟子说过的一个故事：从前有一位冯妇力能搏虎，搏过一次虎，下次又遇到一只虎，他又"攘臂下车"去搏，旁观的士大夫们都耻笑冯妇"不知止"。现在我就冒蒙士大夫耻笑的危险，也做一回冯妇吧！

朋友们提的问题很多。最普遍的是：怎样学美学？该具备哪些条件？用什么方法？此外当然还有就具体美学问题征求意见的。例如说："你过去在美学讨论中坚持所谓'主客观统一'，还宣扬什么'直觉说'、'距离说'、'移情说'之类'主观唯心主义货色'，经过那么久的批判，是否现在又要'翻案'或'回潮'呢？"

这类问题在以后信中当相机谈到，现在先谈较普遍的一个问题：怎样学美学？

　　西方有一句谚语："条条大路通罗马"，足见通罗马的路并非只有一条。各人资禀不同，环境不同，工作任务的性质不同，就难免要走不同的道路。学美学也是如此，没有哪一条是学好美学的唯一的路。我只能劝诸位少走弯路，千万不要走上邪路。"四人帮"在文艺界进行法西斯专政时，我们都亲眼看到一些人在买空卖空，弄虚作假，公式随便套，帽子满天飞，或者随风转舵，哪里可谋高官厚禄，就拼命往哪里钻，不知人间有羞耻事。这是一条很不正派的邪路，不能再走了。再走就不但要断送个人的前途，而且要耽误我们建设四个现代化的社会主义国家的大业。

　　我们干的是科学工作，是一项必须实事求是、玩弄不得一点虚假的艰苦工作，既要清醒的头脑和坚定的恒心，也要有排除一切阻碍和干扰的勇气。马克思在《政治经济学批判》序言末尾曾教导我们说："在科学的入口处，正象在地狱的入口处一样，必须提出这样的要求：'到这里人们就应该排除一切疑虑；这个领域里不容许有丝毫畏惧！'"①归根到底，这要涉及人生态度，是敷敷衍衍、蝇营狗苟地混过一生呢？还是下定决心，做一点有益于人类文化的工作呢？立志要研究任何一门科学的人首先都要端正人生态度，认清方向，要"做老实人，说老实话，办老实事"。

---

　　① 《马克思恩格斯选集》第二卷，第 85 页，人民出版社 1972 年版。这是但丁《神曲·地狱篇》题在地狱门楣上的两句诗，译文略有改动。

一切不老实的人做任何需要实事求是的科学工作都不会走上正路的。

正路并不一定就是一条平平坦坦的直路，难免有些曲折和崎岖险阻，要绕一些弯，甚至难免误入歧途。哪个重要的科学实验一次就能成功呢？"失败者成功之母"。失败的教训一般比成功的经验更有益。现在是和诸位谈心，我不妨约略谈一下自己在美学这条路上是怎样走过来的。我在1936年由开明书店出版的《文艺心理学》里曾写过这样一段"自白"：

> 从前我决没有梦想到我有一天会走到美学的路上去。我前后在几个大学里做过十四年的大学生，学过许多不相干的功课，解剖过鲨鱼，制造过染色切片，读过艺术史，学过符号逻辑，用过薰烟鼓和电气反应仪器测验过心理反应，可是我从来没有上过一次美学课。我原来的兴趣中心第一是文学，其次是心理学，第三是哲学。因为欢喜文学，我被逼到研究批评的标准，艺术与人生，艺术与自然，内容与形式，语文与思想等问题；因为欢喜心理学，我被逼到研究想象与情感的关系，创造和欣赏的心理活动，以及文艺趣味上的个别差异；因为欢喜哲学，我被逼到研究康德、黑格尔和克罗齐诸人的美学著作。这样一来，美学便成为我所欢喜的几种学问的联络线索了。我现在相信：研究文学、艺术、心理学和哲

学的人们如果忽略美学，那是一个很大的欠缺。

事隔四五十年，现在翻看这段自白，觉得大体上是符合事实的，只是最后一句话还只顾到一面而没有顾到另一面。我现在（四五十年后的今天）相信：研究美学的人如果不学一点文学、艺术、心理学、历史和哲学，那会是一个更大的欠缺。

为什么要作这点补充呢？因为近几十年我碰见过不少的不学文学、艺术、心理学、历史和哲学，也并没有认真搞过美学的文艺理论"专家"，这些"专家"的"理论"既没有文艺创作和欣赏的基础，又没有心理学、历史和哲学的基础，那就难免要套公式，玩弄抽象概念，你抄我的，我抄你的，以讹传讹。这不但要坑害自己，而且还会在爱好文艺和美学的青年朋友们中造成难以估计的不良影响，现在看来还要费大力，而且主要还要靠有觉悟的青年朋友们自己来清除这种影响。但我是乐观的，深信美学和其它科学一样，终有一天要走上正轨，这是人心所向，历史大势所趋。

我自己在学习美学过程中也走过一些弯路和错路。解放前几十年中我一直在东奔西窜，学了一些对美学用处不大的学科。例如在罗素的影响之下我认真地学过英、意、德、法几个流派的符号逻辑，还写过一部介绍性的小册子，稿子交给商务印书馆，在抗日战争早期遭火烧掉了。在弗洛伊德的影响之下，我费过不少精力研究过变态心理学和精神病治疗，还写过一部《变态心理学》

（商务印书馆出版）和一部《变态心理学派别》（开明书店出版）。在抗日战争时期，我心情沉闷，在老友熊十力先生影响之下，读过不少的佛典，认真钻研过"成唯识论"，还看了一些医书和谈碑帖的书，可谓够"杂"了。

此外，我还有一个坏习惯：学到点什么，马上就想拿来贩卖。我的一些主要著作如《文艺心理学》、《谈美》、《诗论》和英文论文《悲剧心理学》之类都是在学生时代写的。当时作为穷学生，我的动机确实有很大一部分是追求名利。不过这种边买边卖的办法也不是完全没有益处。为着写，学习就得认真些，要就所学习的问题多费些心思来把原书吃透，整理自己的思想和斟酌表达的方式。我发现这也是一个很好的学习方式和思想训练。问题出在我学习得太少了，写得太多太杂了。假如我不那样东奔西窜，在专和精上多下些工夫，效果也许较好些。"事后聪明"，不免有些追悔。所以每逢青年朋友们问我怎样学美学时，我总是劝他们切记毛泽东同志集中力打歼灭战和先攻主要矛盾的教导。一个战役接着一个战役打，不要东奔西窜，浪费精力。就今天多数青年人来说，目前主要矛盾在资料太少，见闻太狭窄，老是抱着几本"理论专家"的小册子转，一定转不出什么名堂来。学通一两种外语可以勉强看外文书籍了，就可以陆续试译几种美学名著。翻译也是学好外文的途径之一。读了几部美学名著，掌握了必要的资料，就可以开始就专题学习写出自己的心得。选题一定要针对我国当前的文艺动态及其所引起的大家都想解决的问题。例如毛泽东同志给陈毅同志的一封谈诗的信发表之后，全国展开了关于"形象思维"的讨论。这确实是美学中一个关键性的问题，你从事美学，能不闻不问吗？不闻不问，你怎能使美学为现实社会服务呢？你自己怎能得到集思广益和百家争鸣的好处呢？为着弄清"形象思维"问题，你就得多读些有关的资料和书籍，多听些群众的意见，逐渐改正自己的初步想法，从而逐渐深入到问题的核心，逐渐提高自己的认识能力和思考能力。这样学美学，我认为比较踏实些。我希望青年朋友们不要再蹈我的覆辙，轻易动手写什么美学史。美学史或文学史好比导游书，你替旁人导游而自己却不曾游过，就难免道听途说，养成武断和不老实的习惯，不但对美学无补，而且对文风和学风都要起败坏作用。

在我所走过的弯路和错路之中，后果最坏的还是由于很晚才接触到马列主义、毛泽东思想，长期陷在唯心主义和形而上学的泥淖中。解放后，特别在五十年代全国范围的美学批判和讨论中，我才开始认真地学习辩证唯物主义和历史唯物主义，从而逐渐认识到自己过去的一些美学观点的错误。学习逐渐深入，我也逐渐认识到真正掌握和运用马列主义并不是一件易事。如果把它看成易事，就必然有公式化和概念化的危险。我还逐渐认识到历史上一些唯心主义的美学大师，从柏拉图、普洛丁到康德和黑格尔，都还应一分为二地看，在美学领域里他们毕竟做出了不可磨灭的贡献。这一点认识使我进一步懂得了文化批判继承的道理和钻研马列主义的重要性。所以我在指导我的研究生时，特别要求他们努力掌握马列主义。要掌握马列主义，首先就要一切从具体的现实生活出发，实事求是，彻底清除公式化和概念化的恶劣积习，下次信中再着重地谈一谈这个问题。

二　从现实生活出发还是从抽象概念出发？

朋友们：

在我接到心向美学的朋友们来信中，经常出现的问题是究竟怎样才算美，"美的本质"是什么？

提问"怎样才算美"的朋友们未免有些谦虚。实际上这些朋友们每天都在接触到一些美的和丑的事物，在情感上都有不同程度的感受甚至激动。例如一个年轻小伙子碰见一位他觉得中意的姑娘，他能没有一点美的感受吗？一个正派人在天安门事件中看见正反两派人物的激烈斗争，不也是多少能感觉到美的确实是美，丑的确实是丑吗？在这种场合放过火热的斗争而追问美的本质是什么，丑的本质是什么，不是有点文不对题吗？一个人如果不是白痴，对于具体的美和丑都有些认识，这种认识不一定马上就对，但在不断地体验现实生活和加强文艺修养中，它会逐渐由错误到正确，由浅到深，这正是审美教育的发展过程。而现在有些人放弃亲身接触过和感受过的事物不管，而去追问什么美的本质这个极端抽象的概念，我敢说他们会永远抓不着所谓"美的本质"。法国人往往把"美"叫做"我不知道它是什么"(Je ne sais quoi)。可不是吗？柏拉图说的是一套，亚理斯多德说的又是一套；康德说的是一套，黑格尔说的又是一套。从马克思主义立场来看，他们都可一分为二，各有对和不对的两方面。事情本来很复杂，你能把它简单化成一个"美的定义"吗？就算你找到"美的定义"了，你就能据此来解决一切文艺方面的实际问题吗？这问题也涉及文艺创作和欣赏中的一系列问题，以后还要谈到，现在只谈研究美学是要从现实生活中的具体的事例出发，还是从抽象概念出发？

　　引起我先谈这个问题的是一位老朋友的来信。这位朋友在五十年代美学讨论中和我打过一些交道。他去年写过一篇题为《美的定义及其解说》的近万言长文，承他不弃，来信要我提意见。他的问题在现在一般中青年美学研究工作者中有普遍意义，所以趁这次机会来公开作复。

　　请先读他的"美的定义"：

　　　　美是符合人类社会生活向前发展的历史规律及相应的理想的那些事物底，以其相关的自然性为必要条件，而以其相关的社会性（在有阶级的社会时期主要被阶级性所规定）为决定因素。矛盾统一起来的内在好本质之外部形象特征，诉诸一定人们感受上的一种客观价值。

既是客观规律，又是主观理想；既是内在好本质，又是外部形象特征；既是自然性，又是社会性；既是一定人们感受，又是客观价值。定义把这一大堆抽象概念拼凑在一起，仿佛主观和客观的矛盾就统一起来了。这种玩弄积木式的拼凑倒也煞费苦心，可是解决了什么问题呢？难道根据这样拼凑起来的阁楼，就可以进行文艺创作、欣赏和批评了吗？

"定义"之后还附了十三条"解说"，仍旧是玩弄一些抽象概念，说来说去，并没有把"定义"解说清楚。作者始终一本正经。丝毫不用一点具体形象，丝毫不流露一点情感。他是从艺术学院毕业的，听说搞过雕塑和绘画，但始终不谈一点亲身经验，不举一点艺术实践方面的例证。十九世纪法国帕尔纳斯派诗人为着要突出他们的现实主义，曾标榜所谓"不动情"（impassivité）。"定义"的规定者确实做到了这一点，在文章里怕犯"人情味"的忌讳，阉割了自己，也阉割了读者，不管读者爱听不爱听，他硬塞给你的就只有这种光秃秃硬梆梆的枯燥货色，连文字也还似通不通。到什么时候才能看到这种文风改变过来呢！

读到这个"美的定义"，我倒有"如逢故人"的感觉。这位故人仍是五十年代美学讨论中的故人。当前，党的工作重点实行了转移，实现四个现代化成了全国人民的中心任务，各条战线正在热火朝天地大干快上，文艺界面貌也焕然一新。但这一切在这位搜寻"美的定义"的老朋友身上，仿佛都没有起一点作用，他还是那样坐井观天，纹风不动！

十三条"解说"之后又来了一个"附记"。作者在引了毛泽东同志的研究工作不应当从定义出发的教导后，马上就来了一个一百八十度大转弯的"然而"："然而同时并不排除经过实事求是的研究而从获得的结论中，归纳、概括、抽绎出定义。"是呀，你根据什么"实事"，求出什么"是"呢？你这是遵循毛主席的"辩证唯物主义路线"吗？

接着作者还来了一个声明：

> 以上"美"的定义，无非自己在美学研究长途中的一个小小暂时"纪程"而已。以后于其视为绊脚石时，自己或旁人，都可以而且应当无所爱惜地踢开它！

这里有一个惊叹号，是文中唯一的动了一点情感的地方，表现出决心和勇气。不过作为一个老友，我应该直率地说，你的定义以及你得出定义所用的方法正是你的绊脚石，你如何处理这块绊脚石，且观后效吧！

读过这篇"美的定义"之后不久，我有机会上过一堂生动的美学课,看到新上演的意大利和法国合摄的电影片《巴黎圣母院》。听到那位既聋哑而又奇丑的敲钟人在见到那位能歌善舞的吉卜赛女郎时,结结巴巴地使劲连声叫"美!美、美……"我不禁联想起"美的定义"。我想这位敲钟人一定没有研究过"美的定义",但他的一生事迹,使我深信他是个真正懂得什么是美的人,他连声叫出的"美"确实是出自肺腑的。一听到就使我受到极大的震动,悲喜交集,也惊赞雨果毕竟是个名不虚传的伟大作家。这位敲钟人本是一个孤儿,受尽流离困苦才当上一个在圣母院里敲钟的奴隶。圣母院里的一个高级僧侣偷看到吉卜赛女郎歌舞,便动了淫念,迫使敲钟人去把她劫掠过来。在劫掠中敲钟人遭到了群众的毒打,渴得要命,奄奄一息之际,给他水喝因而救了他命的正是他被他恶棍主子差遣去劫夺的吉卜赛女郎。她不但不跟群众一起去打他,而且出于对同受压迫的穷苦人的同情,毅然站出来救了他的命。她不仅面貌美,灵魂也美。这一口水之恩使敲钟人认识到什么是善和恶,美和丑,什么是人类的爱和恨。以后到每个紧要关头,他都是吉卜赛女郎的救护人,甚至设法去成全她对卫队长的单相思。把她藏在钟楼里使她免于死的是他,识破那恶棍对她的阴谋的是他,最后把那个恶棍从高楼上扔下摔死,因而替女郎报了仇、雪了恨的也还是他。这个女郎以施行魔术的罪名被处死,尸首抛到地下墓道里,他在深夜里探索到尸首所在,便和她并头躺下,自己也就断了气。就是这样一个五官不全而又奇丑的处在社会最下层的小人物，却显出超人的大力、大智和大勇乃至大慈大悲。这是我在文艺作品中很少见到的小人物的高大形象。我不瞒你说，我受到了很大的感动。

我说这次我上了一堂生动的美学课。这不仅使我坚定了一个老信念：现实生活经验和文艺修养是研究美学所必备的基本条件，而且使我进一步想到美学中的一些关键问题。首先是自然美与艺术美的关系和区别问题。现实中有没有象敲钟人那样小人物的高大形象呢？我不敢作出肯定或否定的回答，我只能说，至少是我没有见过。我认为雨果所写的敲钟人是艺术创造出来的奇迹，是经过夸张虚构、集中化和典型化才创造出来的。敲钟人的身体丑烘托出而且提高了他的灵魂美。这样，自然丑本身作为这部艺术作品中的一个重要因素，也就转化为艺术美。艺术必根据自然，但艺术美并不等于自然美，而自然丑也可以转化为艺术美，这就说明了艺术家有描写丑恶的权利。

这部影片也使我回忆起不久前读过的人民美术出版社1978年印行的《罗丹艺术论》及其附载的一篇《读后记》。罗丹的《艺术论》是一位艺术大师总结长期艺术实践的经验之谈，既亲切而又深刻，在读过《罗丹艺术论》正文之后再读《读后记》，不免感到《读后记》和正文太不协调了。不协调在哪里呢？罗丹是从亲身实践出发的，句句话都出自肺腑，《读后记》是从公式概念出发的，不但蔑视客观事实，而且帽子棍子满天飞。

过去这些年写评论文章和文艺史著作的都要硬套一个千篇一律的公式。先是拼凑一个历史背景，给人一个运用历史唯物主义的假象；接着就"一分为二"，先褒后贬，或先贬后褒，大发一番空议论，歪曲历史事实来为自己的片面论点打掩护。往往是褒既不彻底，贬也不彻底，褒与贬互相抵销。凭什么褒，凭什么贬呢？法官式的评论员心中早有一套法典，其中条文不外是"进步"、"反动"、"革命"、"人民性"、"阶级性"、"现实主义"、"浪漫主义"、"世界观"、"创作方法"、"自然主义"、"理想主义"、"人性论"、"人道主义"、"颓废主义"……之类离开具体内容就很空洞的抽象概念，随处都可套上，随处都不很合式。任何一位评论员用不着对文艺作品有任何感性认识，就可以大笔一挥，洋洋万言。我很怀疑这种评论有几个人真正要看。这不仅浪费执笔者和读者的时间，而且败坏了文风和学风。现在是应该认真对待这个问题的时候了！

　　《读后记》的作者对罗丹确实有褒有贬，不过贬抵销了褒。我们先看他对罗丹所控诉的罪状，再考虑一下如果这些罪状能成立，罗丹还有什么可褒的？为什么把他介绍到中国来？

　　作者一方面肯定了罗丹的现实主义，另一方面又指责罗丹的现实主义"不过是'写真实'的别名"。我们还记得"写真实"过去在我们中间成了一条罪状，难道现实主义就不要"写真实"吗？作者还挑剔罗丹不该把现实主义说成"诚挚是唯一的法则"，理由是"根本不可能有什么超阶级的'诚挚'"，试问过去公认的一些阶级成分并不怎么好的现实主义大师，例如莎士比亚、费尔丁、巴尔扎克、易卜生、托尔斯泰等等，都不"诚挚"，都在以说谎骗人为业吗？作者还重点地讨论了艺术如何运用丑的问题。他先褒了一笔，肯定罗丹描绘丑陋有不肯粉饰生活的"积极内容"，没有否认自然丑可以化为艺术美，接着就指责罗丹"偏爱残缺美"，毕竟"含有不健康的消极因素"，因为他"受到了颓废思潮的很深的影响"，"罗丹思想上同颓废派的联系，使他不能正确辨认生活与艺术中的一切美丑现象"。试问罗丹既不能正确辨认生活与艺术中的一切美丑现象，他不就成了白痴吗？还凭什么创造出那些公认为杰出的作品呢？罪状还不仅如此，罗丹"偏爱残缺美"，"也破坏了艺术的形式美"，"罗丹作品形式上的缺点正是反映了内容空虚和消极反动"。总之，一戴上"颓废派"的帽子，一个艺术家就必须一棍子打死。请问广大读者，《罗丹艺术论》和罗丹的作品究竟在哪一点上表明他是个颓废派呢？就历史事实来说，罗丹在"思想上同颓废派"究竟有什么联系呢？和他联系较多的人是雨果和巴尔扎克，他替这两位伟大小说家都雕过像，此外还有大诗人波德莱尔，他和罗丹是互相倾慕的。波德莱尔的诗集命名为《罪恶之花》，一出版就成了一部最畅销的书，可见得到了广大群众的批准。但是《罪恶之花》这个不雅驯的名称[1]

---

[1]　趁便指出：原文 Mal 应译为"病"，即"世纪病"中的"病"，"罪恶"是误译。

便注定了他在某些人心目中成了"颓废派"的代表。罗丹和他确实有联系，那他也就成了颓废派。依这种逻辑，雨果和巴尔扎克当然也就应归入颓废派了。要深文罗织，找罪证也不难，雨果不是在《巴黎圣母院》里塑造了五官不全的奇丑的敲钟人吗？巴尔扎克不也写过许多丑恶的人和丑恶的事吗？

我们在这里并不是要为颓废派辩护。在十九世纪末，据说颓废主义是普遍流行的"世纪病"。这是客观事实，而且也有它的历史根源。处在帝国主义渐就没落时期，一般资产阶级文化人和文艺工作者大半既不满现状而又看不清出路，有些颓废倾向，而且还宣扬人性论、人道主义、天才论、不可知论和一些其它奇谈怪论。他们的作品难免有这样和那样的毒素，但毕竟有"不粉饰现实生活的积极内容"，而且在艺术上还有些达到很高的成就，我们究竟应该如何对待他们呢？为着保健防疫，是不是就应干脆把他们一扫而空，在历史上留一段空白为妙呢？这其实就是"割断历史"的虚无主义，与马克思主义毫无共通之处。

朋友们，我和诸位在文艺界和美学界有"同行"之雅，在这封信里向诸位谈心，以一个年过八十的老汉还经常带一点火气，难免要冒犯一些人。我实在忍不下去啦！请原谅这种苦口婆心吧！让我们振奋精神，解放思想，肃清余毒，轻装上阵吧！

三 谈 人

朋友们：

谈美，我得从人谈起，因为美是一种价值，而价值属于经济范畴，无论是使用还是交换，总离不开人这个主体。何况文艺活动，无论是创造还是欣赏、批评，同样也离不开人。

你我都是人，还不知道人是怎么回事吗？世间事物最复杂因而最难懂的莫过人，懂得人就会懂得你自己。希腊人把"懂得你自己"看作人的最高智慧。可不是吗？人不象木石只有物质，而且还有意识，有情感，有意志，总而言之，有心灵。西方还有一句古谚："人有一半是魔鬼，一半是仙子。"魔鬼固诡诈多端，仙子也渺茫难测。

作为一种动物，人是人类学的研究对象，他经过无数亿万年才由单细胞生物发展到猿，又经过无数亿万年才由类人猿发展到人。正如人的面貌还有类人猿的遗迹，人的习性中也还保留一些兽性，即心理学家所说的"本能"。

我们这些文明人是由原始人或野蛮人演变来的，除兽性之外，也还保留着原始人的一些习性。要了解现代社会人，还须了解我们的原始祖先。所以马克思特别重视摩根的《古代社会》，把它细读过而且加过评注。恩格斯也根据古代社会的资料，写出《家庭、私有制和国家的起源》。在《自然辩证法》一书中，恩格斯还详细论述了劳动在从猿到人转变过程中的作用，谈到了人手的演变，这对研究美学是特别重要的。古代社会不仅是家庭、私有制和国家政权的摇篮，而且也是宗教、神话和艺术的发祥地。数典不能忘祖，这笔账不能不算。

从人类学和古代社会的研究来看，艺术和美是怎样起源的呢？并不是起于抽象概念，而是起于吃饭穿衣、男婚女嫁、猎获野兽、打群仗来劫掠食物和女俘以及劳动生产之类日常生活实践中极平凡卑微的事物。中国的儒家有一句老话："食、色，性也。""食"就是保持个体生命的经济基础，"色"就是绵延种族生命的男女配合。艺术和美也最先见于食色。汉文"美"字就起于羊羹的味道，中外文都把"趣味"来指"审美力"。原始民族很早就很讲究美，从事艺术活动。他们用发亮耀眼的颜料把身体涂得漆黑或绯红，唱歌作乐和跳舞来吸引情侣，或庆祝狩猎、战争的胜利。关于这些，谷鲁斯（K.Groos）在《艺术起源》里讲得很详细，较易得到的普列汉诺夫的《没有地址的信》也可以参看。

在近代，人是心理学的主要研究对象。一个活人时时刻刻要和外界事物（自然和社会）打交道，这就是生活。生活是人从实践到认识，又从认识到实践的不断反复流转的发展过程。为着生活的需要，人在不断地改造自然和社会，同时也在不断地改造自己。心理学把这种复杂过程简化为刺激到反应往而复返的循环弧。外界事物刺激人的各种感觉神经，把映象传到脑神经中枢，在脑里引起对对象的初步感性认识，激发了伏根很深的本能和情感（如快感和痛感以及较复杂的情绪和情操），发动了采取行动来应付当前局面的思考和意志，于是脑中枢把感觉神经拨转到运动神经，把这意志转达到相应的运动器官，如手足肩背之类，使它实现为行动。哲学和心理学一向把这整个运动分为知（认识）、情（情感）和意（意志）这三种活动，大体上是正确的。

心理学在近代已成为一种自然科学，在过去是附属于哲学的。过去哲学家主要是意识形态制造者，他们大半只看重认识而轻视实践，偏重感觉神经到脑中枢那一环而忽视脑中枢到运动神经那一环，也就是忽视情感、思考和意志到行动那一环。他们大半止于认识，不能把认识转化为行动。不过这种认识也可以起指导旁人行动的作用。马克思《关于费尔巴哈的提纲》第十一条说："哲学家们只是用不同的方式解释世界，而问题在于改变世界"[①]，就

---

① 《马克思恩格斯选集》第一卷，第 19 页，人民出版社 1972 年版。

是针对这些人说的。

　　就连在认识方面，较早的哲学家们也大半过分重视"理性"认识而忽视感性认识，而他们所理解的"理性"是先验的甚至是超验的，并没有感性认识的基础。这种局面到十七、八世纪启蒙运动中英国的培根和霍布士等经验派哲学家才把它转变过来，把理性认识移置到感性认识的基础上，把理性认识看作是感性认识的进一步发展。英国经验主义在欧洲大陆上发生了深远影响，它是机械唯物主义的先驱，费尔巴哈就是一个著例。他"不满意抽象的思维而诉诸感性的直观，但是他把感性不是看作实践的、人类感性的活动"①，对现实事物"只是从客体的或者直观的形式去理解，而不是把它们当作人的感性活动，当作实践去理解"，结果是人作为主体的感性活动、实践活动、能动的方面，却让唯心主义抽象地发展了。而且"他没有把人的活动本身理解为客体的活动"②。这份《提纲》是马克思主义哲学的核心，但在用词和行文方面有些艰晦，初学者不免茫然，把它的极端重要性忽视过去。这里所要解释的主要是认识和实践的关系，也就是主体（人）和客体（对象）的关系。费尔巴哈由于片面地强调感性的直观（对

---

①　马克思:《关于费尔巴哈的提纲》,《马克思恩格斯选集》第一卷,第 17 页,人民出版社 1972 年版。"感性的"（Sinnlich）,有"具体的"和"物质的"意思。
②　马克思:《关于费尔巴哈的提纲》,《马克思恩格斯选集》第一卷,第 16 页。"客体的",原译为"客观的",不妥。

客体所观照到的形状），忽视了这感性活动来自人的能动活动方面（即实践）。毛病出在他不了解人（主体）和他的认识和实践的对象（客体）既是相对立而又相依为命的，客观世界（客体）靠人来改造和认识。而人在改造客观世界中既体现了自己，也改造了自己。因此物（客体）之中有人（主体），人之中也有物。马克思批评费尔巴哈"没有把人的活动本身理解为客体的活动"。参加过五十年代国内美学讨论的人们都会记得多数人坚持"美是客观的"，我自己是从"美是主观的"转变到"主客观统一"的。当时我是从对客观事实的粗浅理解达到这种转变的，还没有懂得马克思在《提纲》中关于主体和客体统一的充满唯物辩证法的阐述的深刻意义。这场争论到现在似还没有彻底解决，来访或来信的朋友们还经常问到这一点，所以不嫌词费，趁此作一番说明，同时也想证明哲学（特别是马克思主义哲学）和心理学的知识对于研究美学的极端重要性。

谈到观点的转变，我还应谈一谈近代美学的真正开山祖康德这位主观唯心论者对我的影响，并且进行一点力所能及的批判。大家都知道，我过去是意大利美学家克罗齐的忠实信徒，可能还不知道对康德的信仰坚定了我对克罗齐的信仰。康德自己承认英国经验派怀疑论者休谟把他从哲学酣梦中震醒过来，但他始终没有摆脱他的"超险"理性或"纯理性"。在《判断力的批判》上部，康德对美进行了他的有名的分析。我在《西方美学史》第十二章里对他的分析结果作了如下的概括叙述：

> 审美判断不涉及欲念和利害计较，所以有别于一般快感以及功利的和道德的活动，即不是一种实践活动；审美判断不涉及概念，所以有别于逻辑判断，即不是一种概念性认识活动；它不涉及明确的目的，所以与审美的判断有别，美并不等于（目的论中的）完善。
>
> 审美判断是对象的形式所引起的快感。这种形式之所以能引起快感，是因为它适应人的认识功能（即想象力和知解力），使这些功能可以自由活动并且和谐地合作。这种心理状态虽不是可以明确地认识到的，却是可以从情感的效果上感觉到的。审美的快感就是对于这种心理状态的肯定，它可以说是对于对象形式（客体）与主体的认识功能的内外契合……所感到的快慰。这是审美判断中的基本内容。

康德的这种美的分析有一个明显的致命伤。他把审美活动和整个人的其它许多功能都割裂开来，思考力、情感和追求目的的意志在审美活动中都从人这个整体中阉割掉了，留下来的只是想象力和知解力这两种认识功能的自由运用与和谐合作所产生的那一点快感。这两种认识功能如何自由运用与和谐合作，也还是一个不可知的秘密，因为他明确地说过"审美趣味方面没有客观规

则"，艺术是"由自然通过天才来规定法则的"。他把美分为"纯
粹的"和"依存的"两种，"美的分析"只针对"纯粹美"，到讨
论"依存美"时，康德又把他原先所否定的因素偷梁换柱式地偷
运回来，前后矛盾百出。就对象（客体）方面来看也是如此，他
先肯定审美活动只涉及对象的形式，也就是说，与对象的内容无
关；可是后来讨论"理想美"时却又说"理想是把个别事物作为
适合于表现某一观念的形象显现"，这种"观念"就是"一种不
确定的理性概念"，"它只能在人的形体上见出，在人的形体上，
理想是道德精神的表现"。

指出如此等类的矛盾，并不是要把康德一棍子打死。康德对
美学问题是经过深思熟虑的，发现其中有不少难解决的矛盾。他
自己虽没有解决这些矛盾，却没有掩盖它们，而是认为可以激发
后人的思考，推动美学的进一步发展。不幸的是后来他的门徒大
半只发展了他的美只涉及对象的形式和主体的不带功利性的快
感，即只涉及"美的分析"那一方面，而忽视了他对于"美的理
想"、"依存美"和对"崇高"的分析那另一方面。因此就产生了
"为艺术而艺术"，"形式主义"，克罗齐的"艺术即直觉"，"美学
只管美感经验"，美感经验是"孤立绝缘的"（闵斯特堡）、和实
际事物保持"距离"的（缪勒·弗兰因斐尔斯）以及"超现实主义"，
象征派的"纯诗"运动，帕尔纳斯派的"不动情感"、"取消人格"
之类五花八门的流派和学说，其中有大量的歪风邪气，康德在这

些方面都是始作俑者。

近一百年中对康德持异议的也大有人在。例如康德把情感和意志排斥到美的领域之外，继起的叔本华就片面强调意志，尼采就宣扬狂歌狂舞、动荡不停的"酒神精神"和"超人"，都替后来德国法西斯暴行建立了理论基础。这种事例反映了帝国主义垂危时期的社会动荡和个人自我扩张欲念的猖獗。这个时期变态心理学开始盛行，主要的代表也各有一套美学或文艺理论，都明显地受到尼采和叔本华的影响。首屈一指的是弗洛伊德。他认为原始人类婴儿对自己父母的性爱和妒忌所形成的"情意综"（男孩对母亲的性爱和对父亲的妒忌叫做"俄狄浦斯情意综"，女孩对父亲的性爱和对母亲的妒忌叫做"厄勒克特拉情意综"）到了现在还暗中作祟，采取化妆，企图在文艺中得到发泄。于是文艺就成了"原始性欲本能的升华"。弗洛伊德的门徒之一阿德勒却以个人的自我扩张欲（叫做"自我本能"）代替了性欲。自我本能表现于"在人上的意志"，特别是生理方面有缺陷的人受这种潜力驱遣，努力向上，来弥补这种缺陷。例如贝多芬、莫扎特和舒曼都有耳病，却都成了音乐大师。

象上面所举的这类学说现在在西方美学界还很流行，其通病和康德一样，都在把人这个整体宰割开来成为若干片段，单挑其中一块来，就说人原来如此，或是说，这一点就是打开人这个秘密的锁钥，也是打开美学秘密的锁钥。这就如同传说中的盲人摸象，这个说象是这样，那个说象是那样，实际上都不知道真象究竟是个啥样。

　　谈到这里，不妨趁便提一下，十九世纪以来西方美学界在研究方法上有机械观与有机观的分野。机械观来源于牛顿的物理学。物理学的对象本来是可以拆散开来分零件研究，把零件合拢起来又可以还原的。有机观来源于生物学和有机化学。有机体除单纯的物质之外还有生命，这就必须从整体来看，分割开来，生命就消灭了。解剖死尸，就无法把活人还原出来。机械观是一种形而上学，有机观就接近于唯物辩证法。上文所举的康德以来的一些美学家主要是持机械观的。当时美学界有没有持有机观的呢？为数不多，德国大诗人歌德便是一个著例，他在《搜藏家和他的伙伴们》的第五封信中有一段话是我经常爱引的：

　　　　人是一个整体，一个多方面的内在联系着的各种能力的统一体。艺术作品必须向人这个整体说话，必须适应人这种丰富的统一体，这种单一的杂多。

　　这就是有机观。这是伟大诗人从长期文艺创作和文艺欣赏中所得到的经验教训，不是从抽象概念中出来的。着重人的整体这种有机观，后来在马克思的《经济学—哲学手稿》里得到进一步发展，为辩证唯物主义和历史唯物主义奠定了基础。关于这一点，我们在以后的信里还要详谈。

四　关于马克思主义与美学的一些误解

朋友们：

　　前信提到马克思关于人的全面发展的整体看法。在说明这个看法之前，先要瞭望一眼马克思主义与美学这个总的局势以及对这个问题的一些流行的误解。

　　头一个基本问题是：我们如果不弄通马克思主义，是否也可以研究美学？我想，口头上大概是没有人会说研究美学用不着马克思主义的。但是口头上承认，不等于实际上就认真去做。我们提倡"解放思想"，但不能从马克思主义思想中"解放"出来。搞文艺理论的人满街走，是不是所有的人都在认真钻研马克思主义呢？这是值得注意的一个问题。不肯钻研的人有很多借口，其中之一就是马克思主义创始人并没有写过一部美学或文艺理论的专著，说不上有一个完整的美学体系。关于这一点，待以后信中再谈。此外林彪、"四人帮"横行时期，打着马克思主义大旗来反对马克思主义，严重破坏了我们的学风，至今余毒犹存，也影响了一些同志的学习热情。还有些真心实意要想运用马克思主义来搞美学的同志，有时也会误入与马克思主义背道而驰的道路上去。比如，片面强调美的客观性，坚持美与主观思想感情无关，硬说形象思维是子虚乌有，闭口不敢谈人性论、人道主义和人情味，等等。在学会就具体问题进行具体分析的马克思主义的科学方法之前，简单化总是走抵抗力最弱的道路。

我自己经常就这个问题进行反省，还是不敢打保票，保证自己已免疫了。柏拉图、康德、黑格尔和克罗齐这些唯心主义的美学大师统治了我前大半生的思想，先入为主，我怎么能打这种保票呢？不过有一点我现在是确信不移的，这就是：研究美学如果不弄通马克思主义，那就会走入死胡同。有人会问：你的那些祖爷师，柏拉图、康德、黑格尔等等都没有接触到马克思主义，不是在美学上都有很高的造诣吗？我回答说：他们行，我们现在可不行！理由很简单。历史在进展，我们和他们处在不同时代和不同类型的社会。他们的现实生活不是我们的现实生活，我们所要解决的问题和所凭借的物质基础、思想资料和他们的已大不相同。马克思主义在今天已掌握了广大群众，工人阶级已成了主宰世界的力量。我们已进入了大工业时代，我们的文艺的服务对象是广大的劳动人民而不是少数有闲阶级和精神贵族；我们的文艺媒介已经发展到电影和电视而不仅仅是书本、小剧场或小型展览。现在全世界各民族之间的文化交流已比过去远为广泛而迅速，没有哪一个民族可以"闭关自守"。凡此种种都说明历史在前进。马克思主义的诞生和传播，社会主义国家的兴起和发展都标志着人类历史上的一个空前重大的转折点，难道今天进行任何部门的科学研究，能抛开马克思主义吗？就我个人来说，尽管我很晚才接触到马克思主义，近二十多年来一直还在摸索，但已感觉到这方面的学习已给我带来了新生，使我认识到对我的那些唯心主义祖师爷也要运用辩证唯物主义和历史唯物主义进行分析批判，去伪存真，批判继承，为我所用，而决不能亦步亦趋地走他们的老路，走老路就是古人所说的"刻舟求剑"，总不免劳而无功。在踏上四个现代化的新的征途上，全国人民意气风发，形势一片大好，眼看经济高涨会带来科学文化的高涨。我对马克思主义美学在我国的宏大远景抱有坚定不移的信心，下定决心要趁余年尽一点绵薄的力量。我不一定亲身就能看得到这种宏大远景的到来，但是深信广大的新生力量一定会同心协力地沿着马克思主义的光明大道，把美学这把火炬传递下去，胜利终究是属于我们的！

第二个问题是上文已提到的，马克思主义创始人没有写过一部美学或文艺理论专著，是否就没有一个完整的美学体系呢？写过或没有写过美学专著，和有没有完整的美学体系并不是一回事。马克思主义创始人没有写过美学专著，这是事实；说因此就没有一个完整的美学体系，这却不是事实。某些人有这种误解，和《马克思恩格斯论文艺》的选本有关。选本对于普及马列文艺思想和帮助初学者入门，应该说还是有点用处的。但目前流行的几种选本有个共同的毛病：就是划了一些专题的鸽子笼，把马克思主义创始人的论著整章整段地割裂开来，打散了，把上下文的次第也颠倒过来了，于是东捡一鳞，西拾一爪，放进那些专题鸽子笼里去，这样支离破碎，使读者见不到一部或一篇论著的整体和前后的内在联系。这样怎么还能见出马列主义的完整体系呢？这类选本之中也有比较好的，例如较早的东德李夫希兹（Lifschitz）的《马克思恩格斯论艺术》（有中译本）和苏联国家出版社编的较简赅的《马克思恩格斯论文学》。编得最坏的是俄文本《马克思恩格斯论艺术》（也有中译本），其中一开始便是"艺术创作的一般问题"，用大量篇幅选些关于"革命悲剧"、"现实历史中的悲剧和喜剧"、"黑格尔的美学"等方面论著，仿佛这些就是艺术理论中的首要问题。至于真正的首要问题——辩证唯物主义和历史唯物主义，反降到次要地位，选目也很零碎。例如马克思的《关于费尔巴哈的提纲》这样对马克思主义的实践观点特别重要的文献竟没有入选。我们自己根据这类选本编的《马克思恩格斯论文艺》也有同样的毛病而分量更单薄，而各大专院校所经常讨论的项目就更单薄，注意力往往集中到评论具体作者和具体作品的几封信上去。从这些零星片面的资料来看，当然很难看得出马克思主义创始人已经有一套完整的美学体系了。

问题还在于什么才是美学体系？已往的美学大师没有哪一位没有完整的体系，唯心的或是唯物的，形而上学的或是辩证的。单拿马克思来说，美学在他的整个思想大体系中只是一个小体系。小体系是不能脱离大体系来理解的。马克思主义大体系就是辩证唯物主义和历史唯物主义，以及从此生发出来的认识来自实践的基本观点。实践是具有社会性的人凭着他的"本质力量"或功能对改造自然和社会所采取的行动，主要见于劳动生产和社会革命斗争。应用到美学里来说，文艺也是一种劳动生产，既是一种精神劳动，也并不脱离体力劳动；既能动地反映自然和社会，也对自然和社会起改造和推进作用。作为一种意识形态，文艺归根到底要受经济基础的决定作用，反过来又对经济基础和政法的上层建筑发生反作用。人与自然（包括社会）决不是两个互不相干的对立面，而是不断地互相斗争又互相推进的。因此，人之中有自然的影响，自然也体现着人的本质力量，这就是"人化的自然"和"人的对象化"，也就是主客观统一的基本观点。从这个基础的实践观点出发，马克思既揭示了文艺的起源和性质，又追溯了文艺经过不同社会类型的长久演变，还趁便分析一些具体文艺作家和作品，从而解决了一系列文艺创作方面的重要问题，例如现实主义与浪漫主义，莎士比亚化与席勒方式，人物性格与典型环境的关系，文艺与物质媒介的关系，文艺与批判继承的关系，以及作为对需要的供应，文艺与读者、观众的关系，如此等等。试问这一切还不能构成马克思主义美学的完整体系吗？对我们造成困难的是这个完整体系是经过长期发展而且散见于一系列著作中的，例如从《经济学—哲学手稿》、《德意志意识形态》、《关于费尔巴哈的提纲》、《政治经济学批判》直到《剩余价值论》、《资本论》和一系列通信。要说体系，马克思主义美学体系比起过去任何美学大师（从柏拉图、亚理斯多德到康德、黑格尔和克罗齐）所构成的任何体系都更宏大，更完整，而且有更结实的物质基础和历史发展的线索。我们的困难就在于要掌握这个完整体系，就非亲自钻研上述一系列的完整的经典著作不可。这是一条曲折而又崎岖的道路，许多马克思主义美学信徒都没有勇气战胜困难而妄想找"捷径"，于是语录式的《马克思恩格斯论文艺》之类支离破碎的选本就应运而起。人们就认为这些选本已把马克思主义美学的山珍海味烹调成了一盘"全家福"，足供我们享受而有余了。专靠"吃现成饭"过活的人生活就不会过得好。要弄通马克思主义美学的完整体系，就不但要亲口咀嚼，不要靠人喂，而且还要亲自费力去采集原料，亲手去烹调，这样吃下去才易消化，才真正地受用。

宇宙是一个整体，人类社会和自然界也是一个整体，自然科学和社会科学也日渐构成一个整体。"荷叶藕，满塘转"，互相因依，牵一发即动全身。所以我们决不能把美学看成一门独立自足的科学，把门关起来靠"自力更生"。有些立志要搞美学的人既不学哲学，又不学历史，又没有文艺实践经验，连与美学密切相关的心理学、社会学、文学史、艺术史、语言学乃至宗教神话之类也不想问津，甚至对当前文艺动态也漠不关心，而关起门来"深思默索"，玩弄概念游戏，象蜘蛛一样，只图把肚子里的丝吐出来，就结成一面包罗万象的大网。这是妄想！只学马克思主义而不学其它，也决学不通马克思主义。美学也是如此。试想一想马克思在指导工人运动之外，还积蓄了多么渊博的学识！而且还写出那么多的不朽著作！学马克思主义也好，学马克思主义美学也好，首先要学习马克思的这种认真刻苦、勇猛前进的精神。

目前我们都还有一个外语难关要破。试想一想，马克思、恩格斯和列宁之中哪一位不精通几种外语，不但能用外语阅读，而且能用外语写作。为什么学习美学也要攻克外语难关？因为学会外语，才能掌握不可缺少的资料。马克思、恩格斯在《共产党宣言》里就已指出，在世界市场既已形成的资本主义时代：

……过去那种地方和民族的自给自足和闭关自守状态，被各民族的各方面的互相往来和各方面的互相依赖所代替了。物质的生产是如此，精神的生产也是如此。各民族的精神产品成了公共的财产。民族的片面性和局限性日益成为不可能，于是由许多种民族的和地方的文学形成了一种世界文学。①

这里"文学"一词原文是 Literatur，原指"文献"，包括各门学问的资料，当然也包括文学艺术方面的资料。搞一门科学，先要占领它的主要资料（书本的和实地调查的）。无论是马克思主义经典论著，还是美学论著，我们已占领的资料实在贫乏得可怜。我经常接到许多青年美学爱好者来信托我买书寄资料，我体会到他们的难处，但是我也无法可设，常叫他们失望，我感到这是很大的精神负担。不但他们，我自己近二三十年来在资料方面也长久与世隔绝，真是束手无策，坐井观天。近来我又在重新摸索二十多年前就已摸索过的马克思在 1844 年写的而在 1932 年才在柏林出版的《经济学—哲学手稿》，因为这部手稿对学习马克思主义美学是必不可少的。我仍经常遇到困难。我找了两部中译本来读，想得些帮助。可是原来没有懂的还是不易搞懂，而且发现译文比原文还更难懂，一则对原文误解不少，二则中文也嫌拖沓生硬。因此我更感到外语这一关必须攻破，中文也还有研究的必要。作为练习，我就从这部手稿中关键性的两章自己摸索着译，译出来自己还是不满意，不过对原文比过去似懂得多一点，工夫还不是白费的。我也趁此摸了摸这方面的资料的底，才知道近

---

① 《马克思恩格斯选集》第一卷，第 255 页，人民出版社 1972 年版。

三十年来全世界马克思主义研究者都在对这部手稿进行着热烈的争论，西方已出的书刊就有无数种，而我却毫无所知。科学资料工作我们实在太落后了，科学研究工作怎么能搞得上去呢？听说社会科学院有关部门也在研究这部手稿和翻译介绍有关的资料，我祝愿这项工作早日成功，把译出的资料公开发行。

五 艺术是一种生产劳动

朋友们：

前两信收尾时曾谈到马克思的辩证唯物主义彻底解决了人与自然、主体与客体、心与物这些对立面的统一，现在就单从艺术方面来看这种辩证统一是如何通过劳动来实现的。艺术是一种生产劳动，是精神方面的生产劳动，其实精神生产与物质生产是一致的，而且是互相依存的。我们的根据主要是马克思的《经济学——哲学手稿》、《资本论》第一卷里关于"劳动"和恩格斯的《自然辩证法》中关于"从猿到人"的论述。

在《经济学——哲学手稿》里，马克思要论证人类何以必然要废除资本主义社会的私有制，才能达到共产主义。他是从劳动者及其劳动来看这个问题的。在私有制之下，一切财富都是由劳动者生产出来的，而劳动者却不但被剥夺去他的生产资料、生活资料和劳动产品，而且还被剥夺去他作为社会人的"本质力量"或固有才能，沦为机器零件，沦为商品，过着非人的生活。马克思把这种情况叫做"异化"。要彻底废除私有制，才能彻底消除这种"异化"，才能进入共产主义。马克思给真正的共产主义下了一个意义深远的定义：

共产主义就是作为人的自我异化的私有制的彻底废除，因而就是通过人而且为着人，来真正占有人的本质。所以共产主义就是人在前此发展出来的全部财富范围之内，全面地自觉地回到人自己，即回到一种社会性的（即人性的）人的地位。这种共产主义作为完善化的①自然主义，就等于人道主义；作为完善化的人道主义也就等于自然主义。共产主义就是人与自然之间和人与人之间的对立冲突的真正解决，也就是存在与本质，对象化与自我肯定，自由与必然，个体与物种之间纠纷的真正解决。共产主义就是历史谜语的解决，而且认识到自己就是这种解决。②

这是辩证唯物主义的一个较早的提法，是贯串在全部手稿中的一条红线。马克思在下文又就人与社会的关系作了补充：

———————

① "完善化的"，即"充分发展的"，"彻底的"。
② 本篇所引《经济学—哲学手稿》、《资本论》和《自然辩证法》三部经典著作的译文都根据德文版重新作了校正，书中不再——注明中译本页码。

自然中所含的人性的本质只有对于社会的人才存在；因为在社会里，自然对于人才作为人和人的联系纽带而存在——他为旁人而存在，旁人也为他而存在，——这是人类世界的生活要素①。只有这样，自然才作为人自己的人性的存在的基础而存在。只有这样，对人原是自然的存在才变成他的人性的存在，自然对于他就成了人。因此，社会就是人和自然的完善化的统一体，——自然的真正复活——人的彻底的自然主义和自然的彻底的人道主义。

　　从此可见，人道主义与自然主义的辩证统一含有两点互相因依的要义：人之中有自然，自然之中也有人。人得到充分发展要靠自然得到充分发展，自然得到充分发展也要靠人得到充分发展。自然是人的肉体食粮和精神食粮的来源，是人的生产劳动的基础和手段。人在劳动中才开始形成社会。生产劳动就是社会性的人凭他的本质力量对自然的加工改造。在这过程中，自然日益受到人的改造，就日益丰富化，就成了"人化的自然"；人发挥了他的本质力量，就是肯定了他自己，他的本质力量就在改造的自然中"对象化"了，因而也日益加强和提高了。这就是人在改造自然之中也改造了自己。人类历史就这样日益进展下去，直到共产

---

　　① "要素"，即"基本原则"。

主义，人和自然双方都会得到充分发展，这就是"人的彻底的自然主义和自然的彻底的人道主义"的辩证统一。

中国先秦诸子有一句老话："人尽其能，地尽其利。""人尽其能"就是彻底的人道主义，"地尽其利"就是彻底的自然主义。不过这句中国老话没有揭示人与自然的统一和互相因依，只表达了对太平盛世的一种朴素的愿望。马克思却不仅揭示了人与自然的统一，而且替共产主义奠定了一个稳实的哲学基础，实际上也替美学和艺术奠定了一个马克思主义的哲学基础。就是在讨论人与自然的统一时，马克思提出了"美的规律"，我们不妨细心研究一下马克思的原话：

> 通过实践来创造一个对象世界，即对有机自然界进行加工改造，就证实了人是一种存在。……动物固然也生产，它替自己营巢造窝，例如蜜蜂、海狸和蚂蚁之类。但是动物只制造它自己及其后代直接需要的东西，它们只片面地生产，而人却全面地生产；动物只有在肉体直接需要的支配之下才生产，而人却在不受肉体需要的支配时也生产，而且只有在不受肉体需要的支配时，人才真正地生产；动物只生产动物，而人却再生产整个自然界；动物的产品直接联系到它的肉体，而人却自由地对待他的产品。动物只按照它所属的那个物种的标准和需要去制造，而人却知道怎样按照每一个物种的标

准来生产，而且知道怎样到处把本身固有的标准运用到对象上来制造，因此，人还按照美的规律来制造。

从这段重要文献可以看出以下几点：

一、精神生产和物质生产的一致性。人通过劳动实践对自然加工改造，创造出一个对象世界。这条原则既适用于工农业的物质生产，也适用于包括文艺在内的精神生产。这两种生产都既要根据自然，又要对自然加工改造，这就肯定了文艺的现实主义，排除了文艺流派中的自然主义。

二、人不同于动物在于人有自意识（即自觉性）。他意识到自己就是人类一个成员，而且根据这种认识来生产。动物只在受肉体直接需要的支配之下片面地生产，人却是根据人类的深远需要全面地自由地生产。这就肯定了文艺的广阔题材和社会功用。具体的实例是蜜蜂营巢和建筑师仿制蜂房的分别。

三、"人还按照美的规律来制造"。人的生产无论是精神的还是物质的，都与美有联系，而美有美的规律。这句话前面有"因此"连接词，足见是总结全段上文。"此"显然指上文所列的两条：一条是"人知道怎样按照每个物种的标准来生产"。标准就是由每个物种的需要来决定的规律。动物只按自己所属的那个物种的直接需要来制造，例如蜂营巢，人却全面地自由地生产，能运用每个物种的标准，例如建筑师既能仿制蜂巢，又能建造高楼大厦和其它工程。这就是前一条的要求。另一条比前一条更进了一步,"人知道怎样到处把本身固有的标准运用到对象上去来制造"。这本身固有标准是属于对象的,也就是根据对象本身固有的规律。恩格斯论述"从猿到人"时说:"我们对自然界的整个统治,是在于我们比一切其它动物强,能够认识和正确运用自然规律。"马克思所说的"对象本身固有的规律"也就是恩格斯所说的"自然规律"。就文艺来说,这就涉及认识整个客观世界和人们所曾探讨的文艺本身的各种规律。可见"美的规律"是非常广泛的,也可以说就是美学本身的研究对象。

马克思在《经济学—哲学手稿》里还说过:"人是用全面的方式,因而是作为整体的人,来掌握他的全面本质。"这个"人的整体"观点也是文艺方面的一条基本规律。"本质"有时也叫做"本质力量",究竟是些什么呢?马克思举例如下:

> 视,听,嗅,味,触,思维,观照,情感,意志,活动,生活,总之,人的个体所有的全部器官,以及在形式上属于社会器官①一类的那些器官,都是针对着对象,要占领或掌管该对象,要占领或掌管人类的现实界,它们针对对象的活动就是人类的现实生活的活动。

---

① "社会器官",即交流思想情感的器官,主要指语言器官。

过去心理学只把视、听、嗅、味、触叫做"五官"，每一种器官管一种感觉。马克思把器官扩大到人的肉体和精神两方面的全部本质力量和功能。五官之外他还提到思维，意志，情感①。器官的功用不仅在认识或知觉，更重要的是"占领或掌管人类的现实界"的"人类现实生活的活动"。这就必然要包括生产劳动的实践活动，其中包括艺术和审美活动。各种感官都是在长期历史发展中由实践经验逐渐形成的。"各种感官的形成是从古到今全部世界史的工作成果。"

　　举听觉为例，马克思说过：

　　　　正如只有音乐才能唤醒人的音乐感觉，对于不懂音乐的耳朵，最美的音乐也没有意义，就不是它的对象，因为我的对象只能是我的本质的表现。

　　这两句极简单的话解决了美和美感以及美的主观性或客观性的问题。上句说音乐美感须以客观存在的音乐为先决条件，下句说音乐美也要靠有"懂音乐的耳朵"这个主观条件。请诸位想一想：一、美单是主观的，或单是客观的吗？二、美能否离开美感而独立存在呢？想通了这两个问题，许多美学上的问题

---

　　①　在另一段还提到"爱情"。

就可迎刃而解了。

马克思的《资本论》是他的思想成熟时期的主要著作，它是否就已抛弃了《经济学—哲学手稿》的一些基本论点呢？我们现在就来研究一下《资本论》第一卷第三篇第五章中马克思对"劳动过程"所作的著名的总结，其中关键性段落如下：

> 劳动首先是人和自然都参加的一种过程，在这种过程中，人凭自己的活动作为媒介，来调节和控制他跟自然之间的物质交换。人自己也作为一种自然物质来对待自然物质。他为着要用一种对自己生活有利的方式去占领自然物质，于是发动肉体的各种自然力，例如肩膀、腿以及头和手。人在通过这种运动对自然加工改造之中，也就在改造他本身的自然（本性），促使他的原来睡眠着的各种潜力得到发展，并且服从他的控制。我们在这里讨论的不是原始动物的本能的劳动，现在的劳动是由劳动者拿到市场上出卖的一种商品，和原始动物的本能劳动的情况已隔着无数亿万年了。我们现在谈的是人类所特有的那种劳动。蜘蛛结网，颇类似织工纺织；蜜蜂用蜡来造蜂房，使许多人类建筑师都感到惭愧。但是就连最拙劣的建筑师也比最灵巧的蜜蜂要高明，因为建筑师在着手用蜡来造蜂房之前，就已经在头脑里把那蜂房构成了。劳动过程结束时所取得的成果在劳动过程开始时就已存在于劳

动者的观念中了，已经以观念的形式存在着了。他不仅造成自然物的一种形态改变，同时还在自然中实现了他所意识到的目的。这个目的就给他的动作的方式和方法规定了法则(或规律)。他还必须使自己的意志服从这个目的。这种服从并不仅在一些零散动作上，而是在整个劳动过程中各种劳动器官都要紧张起来，此外还要行使符合目的的意志，具体表现为集中注意(聚精会神)。劳动的内容和进行方式对劳动者〔须有吸引力〕[①]，吸引力愈少，劳动者就愈不能从劳动中感到运用肉体和精神两方面的各种力量的乐趣，同时也就愈需要加强集中注意。

这段引文有以下几个要点值得特别注意：

一、开宗明义就指出"劳动首先是人和自然都参加的一种过程"，说明主体和客体都不可偏废。人在劳动过程中改造了自然也改造了自己。这还是贯串在《经济学—哲学手稿》中的人道主义与自然主义统一那条红线。

二、这里沿用了蜜蜂造蜂房的例证来重申人的自觉性。人与动物的分别在人在劳动生产之前心里已先有蓝图,有了观念(idea,即"意象")和目的（生产品的功用），而这个目的就规定了动作

---

① 　括号中内容是为了读起来通顺而加入的。——引者

的方式和方法的法则（规律），即《经济学—哲学手稿》中"物种标准"和对象"本身固有的规律"。成品出产以前先以观念或意象（蓝图）的形式存在脑里，这就肯定了形象思维。

三、这里重申了各种劳动器官的全面合作，都要紧张起来，这就表现为"注意"或"聚精会神"。能引起"注意"和"紧张"就说明劳动的内容和方式都有吸引力，使劳动者在劳动中感到发挥全身本质力量的"乐趣"。这"乐趣"就是美感。美感首先是由生产劳动本身引起的。所以说，艺术起源于劳动。

《经济学—哲学手稿》和《资本论》里的论"劳动"对未来美学的发展具有我们多数人还没有想象到的重大意义。它们会造成美学领域的彻底革命，我们只消回顾一下已往统治西方美学的从康德到克罗齐那一系列的唯心主义大师的论点，把它们和马克思主义的论点细心比较一下，便会明白这个道理。

《资本论》里关于"劳动"的论述足以证明马克思在成熟时期并没有放弃《经济学—哲学手稿》中的一些基本论点。能证明这一点的还有恩格斯的《自然辩证法》中的关于"从猿到人"的论述。这篇一八七六年才写成的论文是《经济学—哲学手稿》的最透辟的阐明和进一步的发挥。文字较通俗易读，读者如果细心对照一下，便会看出它和《经济学—哲学手稿》是一脉相承的。

恩格斯也是从生产劳动来看人和社会发展的。他一开始就说："劳动和自然界一起才是一切财富的源泉，……它是整个人类生活的第一基本条件，……劳动创造了人本身。"在人本身各种器官之中恩格斯特别强调了人手、人脑和语言器官的特殊作用。人手在劳动中得到高度发展，到能制造劳动工具时，手才"变得自由"，"所以人手不仅是劳动的工具，它还是劳动的产物"。人手在长期历史发展中通过劳动愈来愈完善，愈灵巧：

> 在这个基础上人手才能仿佛凭着魔力似地产生了拉斐尔的绘画，托尔瓦德森的雕刻以及帕格尼尼的音乐。

这个实例就足能生动地说明艺术起源于劳动了。

恩格斯还根据达尔文的生长关联律，证明手不是孤立的，手的改变也引起脚和其他器官的改变。人脚能直立，行动更方便，人的眼界也扩大了，在自然事物中不断发现新的属性了。劳动的发展必然促进人与人的互助协作，"到了彼此间有些什么非说不可了"，这就产生了语言的器官。语言是从劳动中并和劳动一起产生出来的。不但人，就连某些动物（如鸟），也能学会一种语言，从此就获得"依恋、感谢等等表现情感的能力"了。"首先是劳动，然后是语言和劳动一起，成了两个最主要的推动力，使人的脑髓及其所统辖的各种器官一齐发展起来，日渐趋于完善化，从而人的意识也愈来愈清楚，抽象能力和推理能力也日渐发展起来了。等到人完全形成，就产生了社会这个新因素，作为一种有力的推动力，同时也使人的行动有更确定的方向。"

这里说的"社会"不是本能式的社会性，而是有组织的形成制度的团体。有了社会，"人有能力进行愈来愈复杂的活动，提出和达到愈来愈高的目的"，劳动本身也日益多样化和完善化。游牧打猎之外又有了农业，商业，手工业和航行术。接着恩格斯对社会发展史作了简括的叙述：

> 同商业和手工业一起，最后出现了艺术和科学，从部落发展成了民族和国家。法律和政治发展起来了，而且和它们一起，人的存在在人脑中的幻想的反映——宗教，也发展起来了。

由于这些意识形态都"首先表现为头脑的产物"，头脑似乎是统治着人类社会的东西，手所制造的东西就退到次要地位，手的活动便仿佛只是执行脑所计划好的劳动，人们便习惯于把全部文明归功于脑的活动即思维的活动，这样就产生了唯心主义世界观，认识不到劳动在社会发展中所起的作用了。

恩格斯尽管指出唯心主义世界观使存在与思维的关系本末倒置，却也丝毫不贬低人在统治自然之中思维所起的巨大作用，他拿人和动物比较说：

> 但是人离开动物愈远，他们对自然界的作用就愈带有经

过思考的，有计划的，向着一定的和事先知道的目标前进的特征。

此外，人统治自然的能力也远比动物大：

> 动物仅仅利用外部自然界……而人则通过他所作出的改变来使自然界为他的目的服务，来支配自然界。这便是人同其他动物的最后的本质的区别所在；而造成这一区别的还是劳动。

> ……我们对自然界的整个统治，是在于我们比其他一切动物强，能够认识和正确运用自然规律。
> 人愈正确地理解自然规律，也就愈会认识到：

> 人自身和自然界的一致，而那种把精神和物质，人类和自然，灵魂和肉体对立起来的荒谬的反自然的观点，也就愈不可能存在了。

这是一个极其重要的结论，这正是马克思在《经济学—哲学手稿》里所作出的人道主义与自然主义的统一那个结论。从此可以见出认为《经济学—哲学手稿》的基本观点已过时以及"美纯粹是客观的"之类说法是多么"荒谬和反自然"了。

六　冲破文艺创作和美学中的一些禁区

朋友们：

我国从解放以来，在党的百花齐放、推陈出新的方针指引下，文艺才获得了新生，在短短的三十年之中，出现了前所未有的繁荣景象。不过，发展的道路向来是崎岖曲折的，在这三十年之中，我们不断受到左的和右的干扰，特别是林彪和"四人帮"对文艺界施行法西斯专政长达十年之久，对文艺创作和理论凭空设置了一些禁区，强迫文艺界就范，因而造成了万马齐喑的局面。今天，一场马克思主义的思想解放运动正在深入展开，形势是很好的；但有些同志面对着过去形成的一些禁区仍畏首畏尾，裹足不前。这种徘徊观望状态是和四个现代化的步伐不合拍的。让我们运用马克思主义的思想武器，一起来冲破禁区吧。

要冲破的究竟有哪些禁区呢？

一、首先就是"人性论"。什么叫做"人性"？它就是人类自然本性。古希腊有一句流行的文艺信条，说"艺术摹仿自然"，这个"自然"主要就指"人性"。西方从古希腊一直到现代还有一句流行的信条，说文艺作品的价值高低取决于它摹仿（表现、反映）自然是否真实。我想不出一个伟大作家或理论家曾经否定过这两个基本信条，或否定过这两个信条的出发点，尽管"人性论"在性善性恶的问题上常有分歧。我们中国过去在人性论问题上也基本上和西方一致，可是近来"人性论"在我们中间却成了一条罪状或一个禁区。特别在流行的文学史课本中说某个作家的出发点是人性论，就是对他判了刑，至少是嫌他美中不足。为什么出现了这种论调呢？据说是相信人性论，就要否定阶级观点，仿佛是自从人有了阶级性，就失去了人性，或者说，人性就不再起作用。显而易见，这对马克思主义者所强调的阶级观点是一种歪曲。人性和阶级性的关系是共性与特殊性或全体与部分的关系。部分并不能代表或取消全体，肯定阶级性并不是否定人性。在前信里，我们已经看出马克思所强调的"人的肉体和精神两方面的本质力量"便是人性，马克思早年正是由此出发来论证无产阶级革命的必要性和必然性，论证要使人的本质力量得到充分的自由发展，就必须消除私有制的。毛主席关于"人性"的阐述也很明确：

有没有人性这种东西？当然有的。但是只有具体的人性，没有抽象的人性。在阶级社会里就是只有带着阶级性的人性，而没有什么超阶级的人性。①

很明显，阶级性也是在人性的基础上形成的。到了共产主义时代，阶级消失了，人性不但不消失，而且会日渐丰富化和高尚化。那时文艺虽不再具有阶级性，却仍必然要反映人性，当然反映的是具体的人性。所谓"具体"，就是体现于阶级性以外的其它特性，体现于共产主义时代的具体人物和具体情节。

总之，凭阶级观点围起来的这种"人性论"禁区是建筑在空虚中的，没有结实基础的。望人性论而生畏的作家们就必然要放弃对人性的深刻理解和忠实描绘，这样怎么能产生名副其实的文艺作品呢？有不少的作家正坐此弊，因而只能产生一些田园诗式或牧歌式的歌颂和一些抽象的空洞概念的图解。要打破这种固定不变的公式，首先就要打破"人性论"这个禁区。打破这个禁区，新文艺才能踏上康庄大道。这也是"不破不立"大原则中的一个事例。

二、与"人性论"这个禁区密切相联系的还有壁垒同样森严的"人道主义"禁区。人道主义是西方文艺复兴时代作为反封建、反教会而提出来的一个口号。尽管它有时还披着宗教的伪装，但是以人道代替神道的基本思想最后终于冲破了基督教会在西方长

---

① 《毛泽东选集》第三卷，第827页，人民出版社1967年版。

达一千余年的黑暗统治。在法国资产阶级革命中《人权宣言》所标榜的"自由"和"平等"以及后来添上的"博爱",就是人道主义的具体政治内容。所以人道主义在近代西方起过推动历史前进的作用,后来基督教会把"博爱"这个它早已用过的口号片面地加以夸大,遂使人道主义狭窄化为"慈善主义"或"慈悲主义",成了帝国主义对内宣扬阶级妥协、对外宣扬殖民统治的武器。总之,人道主义在西方是历史的产物,它有一个总的核心思想,就是尊重人的尊严,把人放在高于一切的地位,因为人虽是一种动物,却具有一般动物所没有的自觉心和精神生活。人道主义可以说是人的本位主义,这就是古希腊人所说的"人是衡量一切事物的标准",我们中国人所常说的"人为万物之灵"。人的这种"本位主义",虽然显得抽象、空泛,是在孤立地谈论人的本质,而且资产阶级在实际上追求的,还是个人的绝对自由和个性解放,但在剥削阶级占统治地位的社会中,显然有它的积极的社会效用,人自觉到自己的尊严地位,就要在言行上争取配得上这种尊严地位。马克思早期也曾谈到过人道主义,他把人道主义与自然主义的统一看作真正共产主义的体现。在美学方面,且不说贯串康德和黑格尔美学著作的都是人道主义,就连激进派车尔尼雪夫斯基也说得很明确。

在整个感性世界里,人是最高级的存在物;所以人的性格是我们所能感觉到的世界上最高的美。至于世界上其它各级存在物只有按照它们暗示到人或令人想到人的程度，才或多或少地获得美的价值。[①]

为什么我们中间有些理论家特别是文学史课本的编写者，一遇到人道主义就嗤之以鼻呢？难道因为它是资产阶级货色，便连作为研究对象的资格也没有吗？这无异于要倒掉洗婴儿的脏水，就连婴儿也要一起倒掉。真正的马克思主义者，既要看到人道主义的时代局限和阶级局限，又要看到它在历史上的进步作用，不能因为人道主义的发明权是资产阶级的，便连革命人道主义也不讲了。

三、由于否定了人性论，"人情味"也就成了一个禁区，因为人情也还是人性中的一个重要因素。在文艺作品中人情味就是人民所喜闻乐见的东西。有谁爱好文艺而不要求其中有一点人情味呢？可是极左思潮泛滥时，人情味居然成了文艺作品的一条罪状。对巴金和老舍等同志的一些小说杰作，艾青同志的一些诗歌以及对影片《早春二月》的批判和打击至今记忆犹新，而余毒也似未尽消除。人情味的反面是呆板乏味。文艺作品而没有人情味会成什么玩艺儿呢？那只能是公式教条的图解或七巧板式的拼

---

① 《美学论文选》，第 41 ～ 42 页，人民文学出版社 1959 年版。译文有改动。

凑。今天敲敲打打吹上了天，明日便成了泄了气的气球，难道这种"文艺作品"的命运我们看到的还少吗？无论在中国还是在外国，最富于人情味的母题莫过于爱情。自从否定了人情味，细腻深刻的爱情描绘就很难见到了。为什么有相当长的一个时期中人们都不爱看我们自己的诗歌、戏剧、小说和电影，等到"四人帮"一打倒，大家都如饥似渴地寻找外国文艺作品和影片呢？还不是因为我们自己的作品人情味太少、"道学气"太重了吗？道学气都有一点伪善或弄虚作假。难道这和现实主义文艺或浪漫主义文艺有任何共同之处吗？提到政治思想的高度来说，难道社会主义社会中的男男女女都要变成和尚尼姑，不许尝到、也不许表现出人世间的悲欢离合吗？人们也许责骂我的这种想法是要求文艺"自由化"，也就是说，要社会主义文艺向资本主义国家的文艺投降。但是文艺究竟能不能"交流"和"借鉴"而不至于"投降"呢？如果把冲破"四人帮"极左思想的桎梏理解为"自由化"，我就不瞒你说，我要求的正是"自由化"！

四、人性论和人情味既然都成了禁区，"共同美感"当然也就不能幸免。有人认为肯定了共同美感，就势必否定阶级观点。毫无疑问，不同的阶级确实有不同的美感。焦大并不欣赏贾宝玉所笃爱的林妹妹，文人学士也往往嫌民间大红大绿的装饰"俗气"。可是这只是事情的一个方面，事情还有许多其它方面，因为美感这个概念是很模糊的，美感的来源也是很复杂的。过去有些美学家认为美仅在形色的匀称、声音的调和之类形式美，另外一些美学家却把重点放在内容意义上，辩证唯物主义则强调内容和形式的统一。就美感作为一种情感来说，它也是非常复杂的，过去美学家们大半认为美感是一种愉快的感觉，可是它又不等于一般的快感，不象渴时饮水或困倦后酣睡那种快感。有时美感也不全是快感，悲剧和一般崇高事物如狂风巨浪、悬崖陡壁等等所产生的美感之中却夹杂着痛感。喜剧和滑稽事物所产生的美感也是如此。同一美感中也有发展转变的过程，往往是生理和心理交互影响的。过去心理学在这方面已做过不少的实验和分析工作，已得到了一些公认的结论，但是需要进一步研究的问题也还很多。现在我们中间不少人对这方面的科学研究还毫无所知，或只是道听途说，就轻易对美感下结论，轻易把"共同美感"打入禁区，这也是一个学风问题。

究竟有没有共同美感呢？

根据何其芳同志在 1977 年《人民文学》第九期里回忆毛泽东同志谈话的文章，毛泽东同志是肯定了共同美感的。他说："各个阶级有各个阶级的美，各个阶级也有共同的美，'口之于味，有同嗜焉'。"我们在前面介绍《经济学—哲学手稿》和《资本论》的那封信里也已经看到马克思肯定了人类物质生产和精神生产要符合"美的规律"，而且肯定了这两种生产都因为人在劳动中发挥了肉体和精神两方面的本质力量而感到乐趣。这种乐趣不就是美感吗？马克思因此进一步肯定了艺术起源于劳动。劳动是人类的共同职能，它所产生的美感能不是人类共同美感吗？

马克思和毛泽东同志都是全世界无产阶级革命导师，同时也都是"共同美感"的见证人。马克思在一系列的著作中高度评价了过去奴隶社会、封建社会和资本主义社会的一系列的文艺杰作，从古希腊的神话、史诗、悲剧、喜剧，文艺复兴时代的但丁的《神曲》、莎士比亚的悲剧、塞万提斯的《堂吉诃德》，直至近代巴尔扎克的《人间喜剧》，而且早年还亲自写过爱情诗。毛泽东同志也是如此，对中国古典文学有着渊博、深湛的认识和终生不倦的钻研和爱好，而且在自己的光辉的诗词中吸取了中国古典文学精华，甚至不放弃古典诗词的格律，真正做到了推陈出新。难道这两位革命导师对各种类型社会的古典文艺的爱好不足以证明不同的时代、不同的民族和不同的阶级有共同的美感吗？

还不仅此，否定共同美感，就势必要破坏马克思主义关于文化（包括文艺在内）的两大基本政策：一是对传统的批判继承，一是对世界各民族的文化的交流借鉴、截长补短。在文艺方面这两大政策的实施不但促进了文艺繁荣，也促进了各民族之间的互相了解、和平共处。否定共同美感，就势必割断历史，不可能有批判继承；也势必闭关自守、坐井观天，不可能有交流借鉴。你们想想，生今之世，难道能否定文化继承和文化交流吗？

五、特别要冲破的是江青和她的走卒们所鼓吹的"三突出"

谬论对于人物性格所设置的一些禁区。文艺作品总离不开人，特别是叙述故事情节的戏剧和小说，亚理斯多德把戏剧中的角色叫做"在行动中的人"，马克思主义者把他们叫做"典型环境中的典型人物"。角色之中有主次之分，首要的角色叫做主角，在西文为 hero。这个西文词的一般意义是"英雄"，主角可以是英雄人物，也可以是所谓"中间人物"或"小人物"。在封建社会，戏剧和小说的主角大半是些英雄人物，因为当时只有封建社会上层人物才能作为主角，反映在文艺作品里，为着维护或颂扬他们身分的高贵尊严，他们大半被描写成为英雄人物。不过只是在悲剧性或严肃性的作品里是如此，至于喜剧性的作品里如莫里哀的《伪君子》和《贵人迷》之类喜剧主角却都不是什么英雄人物而是些卑鄙可笑的人物。到了近代资产阶级登上了政治舞台，因而也登上了文艺舞台，文学流派中现实主义便占了上风，情形就有了彻底的变化。现实主义派抛弃过去歌颂英雄人物和伟大事迹的习尚，有意识地描写社会下层人物。从此最流行的是小说，特别是在资产阶级当权较早的英国。十八世纪一些著名小说家如笛福、理查逊和菲尔丁等人，他们所写的人物，大半不是什么"英雄"而是名副其实的"中间人物"（当时英国资产阶级称作"中间阶级"），所写的事迹也不是宫廷显赫人物的政治大事，而是一般家庭纠纷或流浪汉冒险寻金之类投机勾当。在十九世纪俄国现实主义之中，写"小人物"和"多余的人"便作为一个正式口号提了出来。莱蒙托夫的著名小说《当代英雄》（本应译为《现时代的主角》）中的主角毕乔林就不是什么英雄人物而是典型的小人物或多余的人物。过去时代的主角是统治阶级的领导人物，而"现时代的主角"却是毕乔林之类没落阶级的悲观厌世、行为卑鄙的人物了。

我约略叙述这种历史转变，因为从此可以揭示"四人帮"在文艺方面所吹嘘的"三突出"谬论的反动性。这批害人虫妄图把封建时代突出统治阶层首脑人物的老办法拖回到现代文艺作品里来，骨子里还是为着突出他们自己，为他们篡党夺权作思想准备。他们理想中的英雄人物有两大特点：第一是十全十美，没有一点瑕疵；其次是始终一致，出台时是啥样性格，收场时还是啥样性格。这两点都歪曲人性，又背离发展观点，结果使文艺作品中的主角不是有血有肉的人，而是概念、公式的图解或漫画式的夸张。近代英国小说家福斯特（E.M.Forster）在《论小说的各方面》一书中论述了见不出冲突发展的"平板人物"和见出冲突发展的"圆整人物"之别，认为小说不应写出前一种人物而应写出后一种人物。"四人帮"所吹捧的恰是前一种，所禁忌的恰是后一种，在他们眼里看来，宋江不应有"坐楼杀惜"，李逵也应该莽撞到底，伽利略那样有重大发明的科学家，就宁可放弃完成他的科学巨著而不应贪生怕死，看到烤鹅肉也不能那样馋。他们狂妄无知竟到了这种程度！

其次，由于他们片面地突出"英雄人物的高大形象"，就把所谓"中间人物"和"小人物"列入禁区。描绘小人物和中间人物的能手赵树理同志的作品就被打入冷宫，而且作家本人也被迫害至死。想起无数类似的事例，谁能不痛心疾首！遭殃的并不限于一些优秀作家和优秀作品，还应想一想由江青盗窃来而加以窜改歪曲的八部"样板戏"成了几多大大小小的作家们的"样板"？几多人有意识地或无意识地陷入那批人妖所设置的陷阱？结果形成了什么样的文风？在青年一代思想中造成了多么大的危害？

冲破他们所设置的禁区，解放思想，按照文艺规律来繁荣文艺创作，现在正是时候了！

七　从生理学观点谈美与美感

朋友们：

你们来信常追问我：美是什么？美感是什么？美与美感有什么关系？美是否纯粹是客观的或主观的？我在第二封信里已强调过这样从抽象概念出发来对本质下定义的方法是形而上学的。要解决问题，就要从具体情况出发，而审美活动的具体情况是极其复杂的。前信已谈到从马克思在《资本论》里关于"劳动"的分析看，就可以看出物质生产和精神生产都有审美问题，既涉及复杂的心理活动，又涉及复杂的生理活动。这两种活动本来是分不开的，为着说明的方便，姑且把它们分开来说。在第三封信《谈人》里我们已约略谈了一点心理学常识，现在再就节奏感、移情作用和内摹仿这三项来谈一点生理学常识。

一、节奏感。节奏是音乐、舞蹈和歌唱这些最原始也最普遍的三位一体的艺术所同具的一个要素。节奏不仅见于艺术作品，也见于人的生理活动。人体中呼吸、循环、运动等器官本身的自然的有规律的起伏流转就是节奏。人用他的感觉器官和运动器官去应付审美对象时，如果对象所表现的节奏符合生理的自然节奏，人就感到和谐和愉快，否则就感到"拗"或"失调"，就不愉快。例如听京戏或鼓书，如果演奏艺术高超，象过去的杨小楼和刘宝全那样，我们便觉得每个字音和每一拍的长短高低快慢都恰到好处，有"流转如弹丸"之妙。如果某句落掉一拍，或某板偏高或偏低，我们全身筋肉就仿佛突然受到一种不愉快的震撼。这就叫做节奏感。为着跟上节奏，我们常用手脚去"打板"，其实全身筋肉都在"打板"。这里还有心理上的"预期"作用。节奏总有一种习惯的模式。听到上一板，我们就"预期"下一板的长短高低快慢如何，如果下一板果然符合预期，美感便加强，否则美感就遭到破坏。在这种美或不美的节奏感里你能说它是纯粹主观的或纯粹客观的吗？或则说它纯粹是心理的或纯粹是生理的吗？

节奏是主观与客观的统一，也是心理和生理的统一。它是内心生活（思想和情趣）的传达媒介。艺术家把应表现的思想和情趣表现在音调和节奏里，听众就从这音调节奏中体验或感染到那种思想和情趣，从而起同情共鸣。

举具体事例来说，试比较分析一下这两段诗：

噫吁嚱！危乎高哉！蜀道之难，难于上青天！……其险也若此，嗟尔远道之人胡为乎来哉！

——李白：《蜀道难》

呢呢儿女语，恩怨相尔汝。划然变轩昂，猛士赴敌场。浮云柳絮无根蒂，天地阔远随飞扬。……跻攀分寸不可上，失势一落千丈强！

——韩愈：《听颖师弹琴》

李诗突兀沉雄，使人得到崇高风格中的惊惧感觉，节奏比较慢，起伏不平。韩诗变化多姿，妙肖琴音由缠绵细腻，突然转到高昂开阔，反复荡漾，接着的两句就上升的艰险和下降的突兀作了强烈的对比。音调节奏恰恰传出琴音本身的变化。正确的朗诵须使音调节奏暗示出意象和情趣的变化发展。这就必然要引起呼吸、循环、发音等器官乃至全身筋肉的活动。你能离开这些复杂的生理活动而谈欣赏音调节奏的美感吗？你能离开这种具体的美感而抽象地谈美的本质吗？

节奏主要见于声音，但也不限于声音，形体长短大小粗细相错综，颜色深浅浓淡和不同调质相错综，也都可以见出规律和节奏。建筑也有它所特有的节奏，所以过去美学家们把建筑比作"冻结的或凝固的音乐"。一部文艺作品在布局上要有"起承转合"的节奏。我读姚雪垠同志的《李自成》，特别欣赏他在戎马仓皇的紧张局面之中穿插些明末宫廷生活之类安逸闲散的配搭，既见出反衬，也见出起伏的节奏，否则便会平板单调。我们有些音乐和文学方面的作品往往一味高昂紧张，就有缺乏节奏感的毛病。"一张一弛，文武之道也！"

二、移情作用：观念联想。十九世纪以来，西方美学界最大的流派是以费肖尔父子为首的新黑格尔派，他们最大的成就在对于移情作用的研究和讨论。所谓"移情作用"（einfuhlung）指人在聚精会神中观照一个对象（自然或艺术作品）时，由物我两忘达到物我同一，把人的生命和情趣"外射"或移注到对象里去，使本无生命和情趣的外物仿佛具有人的生命活动，使本来只有物理的东西也显得有人情。最明显的事例是观照自然景物以及由此产生的文艺作品。我国诗词里咏物警句大半都显出移情作用。例如下列名句：

相看两不厌，只有敬亭山。

——李白

感时花溅泪，恨别鸟惊心。

——杜甫

颠狂柳絮随风舞，轻薄桃花逐水流。

——杜甫

数峰清苦，商略黄昏雨。

——姜夔

可堪孤馆闭春寒，杜鹃声里斜阳暮。

——秦观

都是把物写成人，静的写成动的，无情写成有情，于是山可以看人而不厌，柳絮可以颠狂，桃花可以轻薄，山峰可以清苦，领略黄昏雨的滋味。从此可见，诗中的"比"和"兴"大半起于移情作用，上例有些是显喻，有些是隐喻，隐显各有程度之差，较隐的是姜、秦两例，写的是景物，骨子里是诗人抒发自己的黄昏思想和孤独心情。上举各例也说明移情作用和形象思维也有密切关系。

移情说的一个重要代表立普斯反对从生理学观点来解释移情现象，主张要专用心理学观点，运用英国经验主义派的"观念联想"（特别是其中的"类似联想"）来解释。他举希腊建筑中的多利克式石柱为例。这种石柱支持上面的沉重的平顶，本应使人感到它受重压而下垂，而我们实际看到的是它仿佛在耸立上腾，出力抵抗。立普斯把这种印象叫做"空间意象"，认为它起于类似联想，石柱的姿态引起人在类似情况中耸立上腾、出力抵抗的观念或意象，在聚精会神中就把这种意象移到石柱上，于是石柱就仿佛耸立上腾、奋力抵抗了。立普斯的这种看法偏重移情作用的由我及物的一方面，唯心色彩较浓。

三、移情作用：内摹仿。同属移情派而与立普斯对立的是谷鲁斯。他侧重移情作用的由物及我的一方面，用的是生理学观点，认为移情作用是一种"内摹仿"。在他的名著《动物的游戏》里举过看跑马的例子：

> 一个人在看跑马，真正的摹仿当然不能实现，他不但不肯放弃座位，而且有许多理由使他不能去跟着马跑，所以只心领神会地摹仿马的跑动，去享受这种内摹仿所产生的快感。这就是一种最简单、最基本、最纯粹的审美的观赏了。

他认为审美活动应该只有内在的摹仿而不应有货真价实的摹仿。如果运动的冲动过分强烈，例如西欧一度有不少的少年因读了歌德的《少年维特之烦恼》就摹仿维特自杀，那就要破坏美感了。正如中国过去传说有人看演曹操老奸巨猾的戏，就义愤填膺，提刀上台把那位演曹操的角色杀掉，也不能起美感一样。

谷鲁斯还认为内摹仿带有游戏的性质。这是受到席勒和斯宾塞尔的"游戏说"的影响，把游戏看作艺术的起源。从文艺的创作和欣赏的角度看，内摹仿确实有很多例证。上文已谈到的节奏感就是一例。中国文论中的"气势"和"神韵"，中国画论中的"气韵生动"都是凭内摹仿作用体会出来的。中国书法向来自成一种艺术，康有为在《广艺舟双楫》里说字有十美，其中如"魄力雄强"、"气象浑穆"、"意态奇逸"、"精神飞动"之类显然都显出移情作用的内摹仿。书法往往表现出人格，颜真卿的书法就象他为人一样刚正，风骨凛然；赵孟頫的书法就象他为人一样清秀妩媚，随方就圆。我们欣赏颜字那样刚劲；便不由自主地正襟危坐，摹仿他的端庄刚劲；我们欣赏赵字那样秀媚，便不由自主地松散筋肉，摹仿他的潇洒婀娜的姿态。

西方作家描绘移情中内摹仿事例更多，现在举十九世纪两位法国的著名的小说家为例。一位是女作家乔治·桑，她在《印象和回忆》里说：

> 我有时逃开自我，俨然变成一棵植物，我觉得自己是草，是飞马，是树顶，是云，是流水，是天地相接的那一条地平线，觉得自己是这种颜色或那种形体，瞬息万变，去来无碍，时而走，时而飞，时而潜，时而饮露，向着太阳开花，或栖在叶背安眠。天鹅飞升时我也飞升，蜥蜴跳跃时我也跳跃，萤火和星光闪耀时我也闪耀。总之，我所栖息的天地仿佛全是由我自己伸张出来的。

另一位是写实派大师福楼拜，他在通信里描绘他写《包法利夫人》那部杰作时说：

> 写作中把自己完全忘去，创造什么人物就过着什么人物

的生活，真是一件快事。今天我就同时是丈夫和妻子，情人和姘头（小说中的人物——引者注），我骑马在树林里漫游，时当秋暮，满林黄叶（小说中的情景——引者注），我觉得自己就是马，就是风，就是两人的情语，就是使他们的填满情波的眼睛眯着的那道阳光。

这两例都说明作者在创作中体物入微，达到物我同一的境界，就引起移情作用中的内摹仿。凡是摹仿都或多或少地涉及筋肉活动，这种筋肉活动当然要在脑里留下印象，作为审美活动中一个重要因素。过去心理学家认为人有视、听、嗅、味、触五官，其中只有视、听两种感官涉及美感。近代美学日渐重视筋肉活动，于五官之外还添上运动感官或筋肉感官（kinetic sense），并且倾向于把筋肉感看作美感的一个重要因素。其实中国书家和画家早就明白这个道理了。

四、审美者和审美对象各有两种类型。审美的主体（人）和审美的对象（自然和文艺作品）都有两种不同的类型，而这两种类型又各有程度上的差别和交叉，这就导致美与美感问题的复杂化。先就人来说，心理学早就把人分成"知觉型"和"运动型"。例如看一个圆形，知觉型的人一看到圆形就直接凭知觉认识到它是圆的，运动型的人还要用眼睛沿着圆周线作一种圆形的运动，从这种眼球筋肉运动中才体会到它是圆的。近来美学家又把人分成"旁观型"和"分享型"，大略相当于知觉型和运动型。纯粹旁观型的人不易起移情作用，更不易起内摹仿活动，分明意识到我是我，物是物，却仍能欣赏物的形象美。纯粹分享型的人在聚精会神中就达到物我两忘和物我同一，必然引起移情作用和内摹仿。这种分别就是尼采在《悲剧的诞生》里所指出的日神精神（旁观）与酒神精神（分享）的分别。狄德罗在他的《谈演员》的名著里也强调过这个分别。他认为演员也有两种类型，一种演员演什么角色，就化成那个角色，把自己全忘了，让那个角色的思想情感支配自己的动作姿势和语调。另一种演员尽管把角色演得唯妙唯肖，却时时刻刻冷静地旁观自己的表演是否符合他早已想好的那个"理想的范本"。狄德罗本人则推尊旁观型演员而贬低分享型演员，不过也有人持相反的看法。上面所介绍过的立普斯显然属于知觉型和旁观型，感觉不到筋肉活动和内摹仿，谷鲁斯却属于运动型或分享型。因此，两人对于美感的看法就不能相同。

我还记得五十年代的美学讨论中攻击的靶子之一就是我的"唯心主义的"移情作用，现在趁这次重新谈美的机会，就这个问题进行一番自我分析和检讨。我仍得坦白招认，我还是相信移情作用和内摹仿的。这是事实俱在，不容一笔抹煞。我还想到在1859年左右移情派祖师费肖尔的五卷本《美学》刚出版不久，马克思就在百忙中把它读完而且作了笔记，足见马克思并没有把它一笔抹煞，最好进一步就这方面进行一些研究再下结论。我凭个人经验的分析，认识到这问题毕竟很复杂。在审美活动中尽管我一向赞赏冷静旁观，有时还是一个分享者，例如我读《史记·刺客列传》叙述荆轲刺秦王那一段，到"图穷匕首见"时我真正为荆轲提心吊胆，接着到荆轲"左手把秦王之袖而右手持匕首揕之"时，我确实从自己的筋肉活动上体验到"持"和"揕"的紧张局面。以下一系列动作我也都不是冷静地用眼睛看到的，而是紧张地用筋肉感觉到的。我特别爱欣赏这段散文，大概这种强烈的筋肉感也起了作用，因此，我相信美感中有筋肉感这个重要因素。我还相信古代人、老年人、不大劳动的知识分子多属于冷静的旁观者，现代人、青年人、工人和战士多属于热烈的分享者。

审美的对象也有静态的和动态的两大类型。首先指出这个分别的是德国启蒙运动领袖莱辛。他在《拉奥孔》里指出诗和画的差异。画是描绘形态的，是运用线条和颜色的艺术，线条和颜色的各部分是在空间上分布平铺的，也就是处于静态的。诗是运用语言的艺术，是叙述动作情节的，情节的各部分是在时间上先后承续的，也就是处于动态的。就所涉及的感官来说，画要通过眼睛来接受，诗却要通过耳朵来接受。不过莱辛并不排除画也可化静为动，诗也可化美为媚。"媚"就是一种动态美。拿中国诗画为例来说，画一般是描绘静态的，可是中国画家一向把"气韵生动"，"从神似求形似"，"画中有诗"作为首要原则，都是要求画化静为动。诗化美为媚，就是把静止的形体美化为流动的动作美。

《诗经·卫风》中有一章描绘美人的诗便是一个顶好的例：

> ……手如柔荑（嫩草），肤如凝脂（凝固的脂肪），领如蝤蛴（颈象蚕蛹），螓（一种虫）首蛾眉，齿如瓠犀（瓜子）；巧笑倩兮，美目盼兮！

前五句罗列头上各部分，用许多不伦不类的比喻，也没有烘托出一个美人来。最后两句突然化静为动，着墨虽少，却把一个美人的姿态神情完全描绘出来了。读前五句，我丝毫不起移情作用和内摹仿，也不起美感，读后两句，我感到活跃的移情作用、内摹仿和生动的美感。这就说明客观对象的性质在美感里确实会起重要的作用。同是一个故事情节写在诗里和写在散文里效果也不同。例如白居易的《长恨歌》和陈鸿的《长恨歌传》不同；同是一个故事情节写在一部小说或剧本里，和表演在舞台上或放映在电视里效果也各不相同，不同的观众也有见仁见智，见浅见深之别。

我唠叨了这半天，目的是要回答开头时所提的那几个问题。首先，美确实要有一个客观对象，要有"巧笑倩兮，美目盼兮"这样美人的客观存在。不过这种姿态可以由无数不同的美人表现出，这就使美的本质问题复杂化。其次，审美也确要有一个主体，美是价值，就离不开评价者和欣赏者。如果这种美人处在空无一人的大沙漠里，或一片漆黑的黑夜里，她的"巧笑倩兮，美目盼兮"能产生什么美感呢？凭什么能说她美呢？就是在闹市大白天里，千千万万人都看到她，都感到她同样美么？老话不是说："情人眼底出西施"吗？不同的人不会见到不同的西施，具有不同的美感吗？

我们在前信已说明过在审美活动中主体和对象两方面的具体情况都极为复杂。我们当前的任务是先仔细调查和分析这些具体情况，还是急急忙忙先对美和美感的本质及其相互关系作出抽象的结论来下些定义呢？我不敢越俎代庖，就请诸位自己作出抉择吧！

八 形象思维与文艺的思想性

朋友们：

形象思维的客观存在及其在文艺中的作用，在心理学和美学这些科学领域里应该说是早已有定论了。可是我国近年来却有人提出异议，否认文艺要用形象思维，甚至根本否认形象思维的存在。1977 年 1 月，毛泽东同志《给陈毅同志谈诗的一封信》发表了。信中说："诗要用形象思维，不能如散文那样直说，所以比、兴两法是不能不用的。……宋人多数不懂诗是要用形象思维的，一反唐人规律，所以味同嚼蜡。"联系到新诗前途，信中还进一步指出："要作今诗，则要用形象思维方法，反映阶级斗争与生产斗争，古典绝不能要。"这个重要文件的发表，对于解决了国内早已引起争论的形象思维这一重大问题，是具有积极作用的，近三年来就已在文艺界和美学界产生了广泛的影响。目前辩论还正在继续进行。这是一个振奋人心的大好形势。

我在两篇文稿里曾较详细地谈过这场争论，现在再试用通俗语言来和诸位谈一谈我对这个问题的看法。

　　在第三封信《谈人》里我已约略谈到认识和实践的关系以及感性认识和理性认识的关系，现在不妨回顾一下，因为形象思维与此是密切相关的。什么叫做思维？思维就是开动脑筋来掌握和解决面临的客观现实生活中的问题。所以思维本身既是一种实践活动，又是一种认识活动。思维分为两个步骤：第一步是掌握具体事物的形象，如色、声、嗅、味、触之类感官所接触到的形式和运动都在头脑里产生一种映象。这是原始的感性认识，有种种名称，例如感觉，映象，观念或表象。把从感性认识所得来的各种映象加以整理和安排，来达到一定的目的，这就叫做形象思维。把许多感性形象加以分析和综合，求出每类事物的概念、原理或规律，这是从感性认识飞跃到理性认识，这种思维就是抽象思维或逻辑思维。

　　举个具体的例子来说，到北海公园散步，每前走一步都接触到一些具体事物，亭台楼阁呀，花草虫鱼呀，水光塔影呀，男男女女、老老少少呀，只要是我们注意到的，他们都在我们脑里留下一些映象，其中有一部分能引起我们兴趣的就储存在我们记忆里。在散步中我们也不断遇到一些实际生活的问题，走累了就想找个地方休息，口渴了就想喝点什么，看到游艇，就动了划船的念头，如此等等。解决这类具体问题，就要我们开动一下脑筋，进行一点思维，这种实际生活所引起的思维绝大部分都是形象思维。要休息吧，就想到某堆山石后某棵大树下的坐椅较安静，儿童游戏场附近较热闹，你的抉择要看你爱清静还是爱热闹；要喝茶吧，就想到茶在北海里不易得，啤酒也稀罕，就去喝点汽水算啦，如此等等。就连我这个整天做科研工作的老汉在这些场合也不去进行抽象思维，因为那里没有这个必要。我举逛北海的例子要说明的是形象思维确实存在，不单是文艺创作中，就连在日常生活中也是经常运用的；单是形象思维也不一定就产生文艺作品。

当然也有人逛北海会起作诗作画或写游记的兴致。北海里那么多的好风景和人物活动当然不能整个都放到诗或画里，总要凭自己思想感情的支配，从许多繁复杂乱的映象之中把某些自己中意而且也可使旁人中意的映象挑选出来加以重新组合和安排，创造出一个叫做"作品"的新的整体，即达·芬奇所说的"第二自然"。这就是文艺创作中的形象思维了。

在文艺创作过程中，一般都有个酝酿阶段，思想情感白热化阶段，还有一段斟酌修改阶段。白热化阶段是文艺创作活动的高峰，这是一种聚精会神的状态，这时心无二用，一般只专注在形象思维上，无暇分心到抽象思维上去。但是我们已多次强调过，人是一个有机整体，除了形象思维的能力之外，他还有抽象思维或逻辑推理的能力，也不能不在适当时机发挥作用，特别是在酝酿或准备阶段和作品形成后斟酌修改阶段，形象思维和抽象思维往往是交叉使用的。例如参观访问、搜集资料、整理资料都不完全是形象思维的事。你作诗或写剧本，决不会只为你自己享受，还要考虑到听众能不能接受，对他们的影响是好是坏，乃至朗诵员和演员的安排和训练，出版和纸张印刷供应之类问题。考虑到这些与文艺创作有关的广泛的实际问题，你就决不能不适应实际需要，参用一些抽象思维。再拿逛北海为例来说，假如你是个建筑师或园林设计师，要为改造北海定规划，制蓝图，你当然要考虑到北海作为一种艺术名胜如何才能美观，要进行一些形象思维，此外也要考虑到近代建筑作为一种工程科学的许多理论问题，以及作为经济设施的投资、材料供应、劳动力配备和吸引旅游者之类经济问题，决不能只在"为艺术而艺术"。

从此可见，形象思维和抽象思维在实际生活中和文艺创作中都既有联系又有分别。我们既不应认为只有形象思维才在文艺创作中起作用，也不应认为文艺创作根本用不着形象思维，或根本否认形象思维的存在。近三年的争论是由"批判形象思维论"引起的，批判"批判形象思维论"的文章中有许多独到见解，也偶尔有片面的错误的言论。分析一些错误看法的根源，大半在科学基本常识的缺乏。我想趁这个机会再强调一下科学基本常识对于研究美学的重要性。

最浅而易见的是语言学的常识。有人仿佛认为"形象思维"是胡编妄造，根本没有这回事，也有人认为这个词仿佛从别林斯基才开始用起，意思是"在形象中思维"（think in image）。实际上这个词在西文中就是 imagination，中译是"想象"。在西方，古代的菲罗斯屈拉特（公元170—245年），近代的英国经验派先驱培根都强调过想象在文艺创作中的重要作用。在中国，"想象"这个词，屈原在《远游》里，杜甫在《咏怀古迹》里都用过。情感和想象是西方浪漫运动中的两大法宝。在近代美学著作中从给"美学"命名的鲍姆嘉通，经过康德、黑格尔到克罗齐，所讨论的都主要是想象。俄国的别林斯基和德国的费肖尔两人才开始用"形象思维"来解释"想象"一词的意义。参加辩论者有人把俄文和德文中相当于英文 think in image 的短语译为"在形象中思维"，而且根据这种误解来大做其文章。这正如把 I speak in English 理解为"我在英文中说话"。这岂不是闹笑话么？

其次是历史和心理学的常识。正如感性认识是理性认识的基础，在历史发展中人类也从先有形象思维的能力，经过长期实践训练之后，才逐渐发展出抽象思维的能力。这有维柯的《新科学》和摩根的《古代社会》之类著作为证。原始社会处在人类的童年，人在童年尚在复演人类童年的历史，婴儿也是开始只会形象思维，要经过几年的训练和教育才学会抽象思维。这有瑞士心理学家皮亚杰的几部儿童心理学著作为证，诸位自己的幼年儿女也更可以为证。近在眼前，诸位如果对儿童进行一些观察和测验，对于美学研究会比读几部课本更有益，更切实。

最重要的还是缺乏马克思主义的常识。就拿形象思维这个问题来说吧，马克思在《政治经济学批判·导言》里早就说过：

> 任何神话都是用想象和借助想象以征服自然力，支配自然力，把自然力加以形象化；……希腊艺术的前提是希腊神话，也就是已经通过人民的幻想用一种不自觉的艺术方式加工过的自然和社会形式本身。这是希腊艺术的素材。[①]

这段话不但肯定了形象思维，而且说明了它在希腊神话和希腊艺术中的应用。

毛泽东同志在《矛盾论》里谈到神话时就引过这一段话，指出神话"乃是无数复杂的现实矛盾的互相变化对于人们所引起的一种幼稚的、想象的、主观幻想的变化"，"所以它们并不是现实之科学的反映"[②]。神话是"想象"而不是"科学的反映"，不就是神话这种原始艺术是形象思维而不是逻辑思维的产品吗？上引马克思和毛泽东同志的话，我们大家这些年来都学过无数遍，可是对付具体问题时就忘了，竟不起多大作用，而且还有人指责"形象思维论正是一个反马克思主义的认识论体系"，"不过是一种违

---

① 《马克思恩格斯选集》第二卷，第 113 页，人民出版社 1972 年版。西文 phantasy（幻想）往往用作形象思维（imagination）的同义词。
② 均见《毛泽东选集》第一卷，第 305 页，人民出版社 1967 年版。

反常识，背离实际胡编乱造而已"，这岂不应发人深省吗？

反对形象思维论者有一个公式：

> 表象（事物映象）→概念（即思想）→新的表象（新创
> 造的形象，即典型化了的艺术作品）

这种论点显然认为由表象到表象见不出文艺的思想性，于是新旧表象之间插进去一个等于概念的思想。这样把艺术作品倒退到"表象"，既是贬低艺术，也是缺乏心理学和美学的常识。把"概念"看作文艺的思想性，就是公式化、概念化的文艺的理论根据。

谁也不能否认文艺要有思想性，但是问题在于如何理解文艺的思想性。文艺的思想性主要表现于马克思主义创始人经常提到的倾向性（tendanz）。倾向性是一种总的趋向，不必作为明确的概念性思想表达出来，而应该具体地形象地隐寓于故事情节发展之中。这是马克思主义创始人关于思想性教导的总结。恩格斯在给玛·哈克奈斯的信里，批评了《城市姑娘》不是"充分的现实主义的"，但并没有批评她不去"鼓吹作者的社会观点和政治观点"（这就是明白说出作者的概念性的思想——引者注），相反倒是说："作者的见解（即社会观点和政治观点——引者注）愈隐蔽，对艺术作品来说就愈好，我所指的现实主义甚至可以违背作者的见解而表露出来。"①巴尔扎克就是恩格斯所举的例证。我们也可以举托尔斯泰为例。这位伟大的小说家确实没有隐蔽他的见解，他一生都在宣扬人对基督的爱和人与人的爱，个人道德修养和反对暴力抵抗。这些都不是什么进步思想。为什么列宁说他是"俄国革命的镜子"呢？他鼓吹过俄国革命吗？没有。列宁作出这样的评价，并不是因为他宣扬了一些不正确的思想，而是因为他忠实地描绘了当时俄国农民革命中农民的矛盾状态和情绪。列宁是把他称为农民革命的"一面镜子"，而没有把他称为革命的"号角"或"传声筒"，而且批判了他的思想矛盾。托尔斯泰在文艺上的胜利可以说也就是巴尔扎克的胜利，即"现实主义的伟大胜利"。一个作家只要把一个时代的真实面貌忠实地生动地描绘出来，使人们感到有"山雨欲来风满楼"之势（这就是"倾向性"的意义），认识到或预感到革命非到来不可，他就作出了伟大的贡献，不管他表现出或没有表现出什么概念性的思想。这就是"现实主义的伟大胜利"，巴尔扎克如此，托尔斯泰也是如此。

恩格斯在给敏·考茨基的信里还说过："我认为倾向应当从场面和情节中自然而然地流露出来，而不应当特别把它指点出来。"②这就是说，倾向不应作为作者的主观见解，而应作为所写出的客观现实的趋势，自然而然地表现出来。这样理解"倾向"

①《马克思恩格斯选集》第四卷，第 462 页，人民出版社 1972 年版。
②《马克思恩格斯选集》第四卷，第 454 页，人民出版社 1972 年版。

或思想性，和上文所引的巴尔扎克和托尔斯泰的例子也是符合的。

用一个粗浅的比喻来说，如人饮水，但尝到盐味，见不到盐粒，盐完全溶解在水里。咸是客观事实，不是你要它咸它就咸。

不但表现在文艺作品中如此，世界观的总倾向表现在一个文艺作家身上也是如此。它不是几句抽象的口号教条所能表现出的，要看他的具体的一言一行。一个作家总有一种倾向，这种倾向是他毕生生活经验、文化教养和时代风尚所形成的。它总是思想和情感交融的统一体，形成他的人格的核心。也就是在这个意义上，文艺的"风格就是人格"。例如就人格来说，"忠君爱国"这个抽象概念可以应用到屈原、杜甫、岳飞、文天祥和无数其他英雄人物身上，但是显不出这些大诗人各自的具体情况和彼此之间的差异，也就不能作为评价他们的文艺作品的可靠依据。在西方，"人道主义"这一抽象概念也是如此。文艺复兴时代，法国革命时代，帝国主义时代，乃至无产阶级革命导师马克思都宣扬或者肯定过人道主义，但是具体的内容意义各不相同。这就是为什么我们在文艺领域里反对教条和公式化、概念化，反对用概念性思想来指导、约束甚至吞并具体的形象思维。文艺作品要有理，理不是概念而是事物的本质或客观形势本身发展的倾向。还应指出，文艺不但要有理，而且要有情，情理交融的统一体才形成人格，才形成真正伟大的文艺作品。这种情理交融的统一体就是黑格尔所说的"情致"（pathos）。别林斯基在他的文艺论文里也发挥了黑格尔关于"情致"的学说。近年来苏联美学界和文艺批评界有片面强调理性而蔑视情感的倾向，我们也跟着他们走，有时甚至超过他们，这是应该纠正的偏差。提"倾向性"似比提"思想性"较妥，因为在决定偏向之中，情感有时还比思想起更大的作用。最显著的例子是音乐。"四人帮"肆虐时曾掀起过对"无标题音乐"的批判，因为据说"无标题"就是否定思想性。对此，德国伟大音乐家休曼的话是很好的驳斥：

> 批评家们老是想知道音乐家们无法用语言文字表达出来的东西。他们对所谈的问题往往十分没有懂得一分。上帝啊！将来会有那么一天，人们不再追问我们神圣的乐曲背后隐寓着什么意义么？你且先把五度音程辨认清楚吧，别再来干扰我们的安宁！

隐寓的"意义"便是"思想"。思想是要用语言文字来表达，而音乐本身不用语言文字，它只是音调节奏起伏变化的艺术。音调节奏起伏变化是和情感的起伏变化相对应的，所以音乐所表现的是情感而不是只有语言文字才能表达出的思想。托尔斯泰在《艺术论》里强调文艺的作用在传染情感，这是值得我们深思的。

不但在音乐里，就连在作为语言艺术的文学里最感动人的也不是概念性思想而是生动具体的情感。如拿莎士比亚为例，你能从他的哪一部作品里探索出一些概念性的思想么？确实有些批评家进行过这种探索，所得到的结论不过是他代表了文艺复兴时代的人道主义精神，更具体一点也不过象英国美学家克·考德威尔①所说的，莎士比亚在政治倾向上要求英国有一个能巩固新兴资产阶级政权的强有力的君主。就是这些概念（你自己也许还在将信将疑）使你受到感动和教育吗？就我个人来说，我至今还抓不住莎士比亚的思想体系，假如他有的话。在读他的作品时，首先是他所写出的生动具体的典型环境下典型人物性格，其次是每部剧本里，特别在悲剧里，都表现出强烈的情感，强烈的爱和恨，强烈的悲和喜，强烈的憧憬和怅惘，强烈的讽刺和谑浪笑傲，就是这些因素使我感到振奋，也使我感到苦闷。振奋也好，苦闷也好，心总在跳动，生命总在活跃地显出它的力量，这对于我就可心满意足了。阿门！

　　附记　形象思维是一切艺术的主要的思维方式，不限于诗，也不限于比、兴。赋（直陈其事）也要用形象思维。姑举古代民歌《箜篌引》为例：

　　　　"公毋渡河，公竟渡河，渡河而死，将奈公何！"

---

　　① 克·考德威尔，英国进步作家，企图用马克思主义观点研究文艺和美学。《幻觉与现实》是他的名著，其中分析过莎士比亚的剧作。

这就是直陈其事，是一首三部曲的挽歌，完全使用形象思维，声泪俱下，感染力很强。我特别写这几句附记，因为近代文艺作品主要是散文作品，如果专就中国的诗中的比、兴着眼，就难免忽视形象思维在近代小说和戏剧中的重要作用。

九　文学作为语言艺术的独特地位

朋友们：

前此我们已屡次谈到，研究美学不能不懂点艺术，否则就会变成"空头美学家"，摸不着美学的门。艺术究竟是怎么回事呢？它有哪些门类？各门艺术之间有什么关系和差别？这些都是常识问题，但是懂透也颇不易。

"艺术"（art）这个词在西文里本义是"人为"或"人工造作"。艺术与"自然"（现实世界）是对立的，艺术的对象就是自然。就认识观点说，艺术是自然在人的头脑里的"反映"，是一种意识形态；就实践观点说，艺术是人对自然的加工改造，是一种劳动生产，所以艺术有"第二自然"之称，自然也有"人性"的意思，并不全是外在于人的，也包括人自己和他的内心生活。人对自然为什么要加工改造呢？这问题也就是人为什么要劳动生产的问题。答案也很简单，劳动生产是为着适应人的物质生活和精神生活的需要，并且不断地日益改善和提高人的物质生活和精神生活。

一切艺术都要有一个创造主体和一个创造对象，因此，它就既要有人的条件，又要有物的条件。人的条件包括艺术家的自然资禀、人生经验和文化教养；物的条件包括社会类型、时代精神、民族特色、社会实况和问题，这些都是需要不断加工改造的对象；此外还要加上用来加工改造的工具和媒介（例如木、石、纸、帛、金属、塑料之类材料，造形艺术中的线条和颜色，音乐中的声音和乐器，文学中的语言之类媒介）。所以艺术既离不开人，也离不开物，它和美感一样，也是主客观的统一体。艺术和社会都在不断变化和改革中，经历着长期历史发展的过程。关于艺术的这些基本道理我们前此在学习马克思的《经济学—哲学手稿》和《资本论》、恩格斯的《自然辩证法》等经典著作的有关论述中已略见一斑了。

最常见的艺术门类是诗歌、音乐、舞蹈（三种在起源时是统一体），建筑、雕刻和绘画（合称"造形艺术"），戏剧、小说以及近代歌剧、哑剧和电影剧之类综合性艺术。这些艺术之间的分别和关系，自从莱辛的《拉奥孔》问世以来，一直是西方美学界研究和讨论的问题。德国美学家们一般把艺术分为"空间性的"和"时间性的"两大类。属于空间艺术的有建筑、雕刻和绘画，其功用主要是"状物"，或写静态，描绘在空间中直立和平铺并列的事物形状；所涉及的感官主要是视觉，所用的媒介主要是线条和颜色。属于时间艺术的主要有舞蹈、音乐、诗歌和一般文学，其功用主要是叙事抒情，写动态，描绘在时间上先后承续的事物发展过程，所涉及的感官较多，音乐较单纯，只涉及听觉和节奏感中筋肉运动感觉，舞蹈、诗歌和一般文学则视觉、听觉和筋肉运动感觉都要起作用。时间艺术在所用的媒介方面有一个值得重视的差异，这就是其它各种艺术的媒介如声音、线条、色彩之类都是感性的，即可凭感官直接觉察到的，至于文学则用语言为媒介，而语言中的文字却只是代表观念的一种符号，本身并无意义，例如"人"这一观念，各民族用来代表它的文字符号各不相同，英文用 man，法文用 homme，德文用 Mensch，单凭这种文字符号并不能直接显出"人"的感性形象，只能显出"人"的观念或意义，所以语言这种媒介不是感性的而是观念性的，也就是说，语言要通过符号（字音和字形）间接引起对事物的观念。这个分别黑格尔在他的《美学》里也经常提到。这个分别就是使文学作为语言艺术具有独特地位的首要原因。

其次一个原因是各种艺术都要具有诗意。"诗"（poetry）这个词在西文里和"艺术"（art）一样，本义是"制造"或"创作"，所以黑格尔认为诗是最高的艺术，是一切门类的艺术的共同要素。维柯派美学家克罗齐还认为语言本身就是艺术，美学实际上就是语言学。各门艺术虽彼此有别，毕竟有基本共同点。例如莱辛虽严格区分过诗和画的界限，我国却很早就有诗画同源说。大诗人往往同时是大画家，王维就是一个著例，苏轼说过："观摩诘之画，画中有诗；味摩诘之诗，诗中有画。"苏轼本人就同时擅长诗和画。在起源时诗歌、音乐和舞蹈本是三位一体的综合艺术，后来虽分道扬镳，仍是藕断丝连，例如在近代歌剧和电影剧乃至民间曲艺里，语言艺术都还是一个重要的组成部分。这些都足以见出文学作为语言艺术所占的独特地位。

　　文学的独特地位，还有一个浅而易见的原因。语言是人和人的交际工具，日常生活中谈话要靠它，交流思想情感要靠它，著书立说要靠它，新闻报道要靠它，宣传教育都要靠它。语言和劳动是人类生活的两大杠杆。任何人都不能不同语言打交道。不是每个人都会音乐、舞蹈、雕刻、绘画和演剧，但是除聋子和哑巴以外，任何人都会说话，都会运用语言。有些人话说得好些，有些人话说得差些，话说得好就会如实地达意，使听者感到舒适，发生美感，这样的说话就成了艺术。说话的艺术就是最初的文学艺术。说话的艺术在古代西方叫做"修辞术"，研究说话艺术的科学叫做"修辞学"，和诗学占有同样重要的地位。古代西方美学绝大部分是诗学和修辞学，亚理斯多德、朗吉弩斯、贺拉斯、但丁和文艺复兴时代无数诗论家都可以为证，专论其它艺术的美学著作是寥寥可数的。我国的情况也颇类似，历来盛行的是文论、诗论、诗话和词话，中国美学资料大部分也要从这类著作里找。

我们历来对文学的范围是看得很广的。例如《论语》、《道德经》、《庄子》、《列子》之类哲学著作,《左传》、《国语》、《战国策》、《史记》、《汉书》之类史学著作,《水经注》、《月令》、《考工记》、《本草纲目》、《齐民要术》之类科学著作乃至某些游记、日记、杂记、书简之类日常小品都成了文学典范。过去对此曾有过争论,有人认为西方人把文学限为诗歌、戏剧、小说几种大类型比较科学,其实那些人根本不了解西方文学界情况,如果他们翻看一下英国的《万人丛书》或牛津《古典丛书》的目录,或是一部较好的文学史,就会知道西方人也和我们一样把文学的范围看得很广的。

文学在各门艺术中既占有这样独特地位,它的媒介既是人人都在运用的语言,而它的范围又这样广阔,这些事实对我们有什么启发呢?我们每个人都在天天运用语言,接触到丰富多采的社会生活,思想情感时时刻刻在动荡,所以既有了文学工具,又有了文学材料,那就不必妄自菲薄,只要努一把力,就有可能成为语言艺术家或文学家。当文学家并不是任何人的专利。在文学这门艺术方面有些实践经验,认识到艺术究竟是怎么一回事,有了这个结实基础,再回头研究美学,才能认清道路,不至暗中摸索,浪费时间。

每个人都可当文学家,不要把文学看作高不可攀。不过我在上文"只要努一把力"那个先决条件上加了着重符号,"怎样努力"这个问题就来了。文学各部门包括诗歌、戏剧和小说等的创作我都没有实践经验，关于这方面可以请教中外文学名著以及有关的理论著作，我不敢进什么忠告。我想请诸位特别注意的是语文的基本功。"工欲善其事，必先利其器"，语文就是文学的"器"。从我读到的青年文学家作品看，特别是从诸位向我表示决心要研究美学的许多来信看，多数人的语文基本功离理想还有些距离，用字不妥，行文不顺，生硬拖沓，空话连篇，几乎是常见的毛病。这也难怪诸位，从"四人帮"横行肆虐以来，我们都丧失了十几年的大好时光，没有按部就班地进行学习，而且学风和文风都遭到了败坏，我们耳濡目染的坏文章和坏作品也颇不少，相习成风，不以为怪。一些老作家除掉茅盾、叶圣陶、吕叔湘几位同志以外，也很少有人向我们号召要练语文基本功。我还记得三十年代左右，夏丏尊、叶圣陶和朱自清几位同志在《一般》和《中学生》两种青年刊物中曾特辟出"文章病院"，把有语病的文章请进这个"病院"里加以诊断剖析。当时我初放弃文言文，学写语体文，从这个"文章病院"中几位名医的言教和身教中确实获得不少的教益，才认识到语体文也要字斟句酌，于是开始努力养成字斟句酌的习惯，现在回想到那些名医，还深心铭感。我希望热心语文教学的老师们多办些"文章病院"，多做些临床实习，使患病的恢复健康，未患病的知道预防。

我国有句老话："熟读唐诗三百首，不会吟诗也会吟。"过去我国学习诗文的人大半都从精选精读一些模范作品入手，用的是"集中全力打歼灭战"的办法，把数量不多的好诗文熟读成诵，反复吟咏，仔细揣摩，不但要懂透每字每句的确切意义，还要推敲出全篇的气势脉络和声音节奏，使它沉浸到自己的心胸和筋肉里。等到自己动笔行文时，于无意中支配着自己的思路和气势。这就要高声朗诵，只浏览默读不行。这是学文言文的长久传统，过去是行之有效的。现在学语体文是否还可以照办呢？从话剧和曲艺演员惯用的训练方法来看，道理还是一样的。我在外国大学学习语文时，看到外国同学乃至作家们也有下这种苦练功夫的。我还记得英国诗人哈罗德·蒙罗在世时在大英博物馆附近开了一个专卖诗歌书籍的小书店，每周定期开朗诵会，请诗人们朗诵自己的作品，我在那里曾听过叶芝、艾略特、厄丁通等诗人的朗诵，深受教益，觉得朗诵会是个好办法。三十年代《文学杂志》社中一些朋友也在我的寓所里定期办过朗诵会，到抗战才结束。朗诵的不只是诗，也有散文，吸引了当时北京的一些青年作家，对他们也起了一些"以文会友"的观摩作用。现在广播电台里也有时举行这种朗诵会，颇受听众的欢迎。这种办法还值得推广，小型的文学团体也可以分途举办，它不但可提高文学的兴趣，也有助于语言的基本功。

语言基本功有多种多样的渠道，多注意一般人民大众的活的语言是一种，这是主要的；熟读一些文言的诗文也是一种，这两方面可说的甚多，现在不能详谈。"到处留心皆学问"，这就要靠各人自己去探索了。"勤学苦练"总是要联在一起的，勤学重要，苦练则更重要。苦练就要勤写。为了谈一点写作练习，我特意把延安整风文件重温了一遍，特别是《反对党八股》那一篇。毛泽东同志对党八股的八大罪状申诉得极中肯，可谓"慨乎言之"。近三十多年来全国人民对这篇经典著作都在学习而又学习，获益当然不浅，可是就当前文风的实际情况来看，"党八股"似未彻底清除，可见端正文风真不是一件易事，目前每个练习写作的青少年在冲破禁区、解放思想方面还要痛下决心，"做老实人，说老实话"，努力开辟自己的道路，千万不要再做风派人物，"人云亦云"。希望就只有寄托在新起的一代人身上了，所以诸位对文艺方面的移风易俗负有重大责任。我祝愿有勇气担起这副重大责任的人越来越多，替我们的文艺迎来一个光明的前途！

毛泽东同志在《反对党八股》里还引了鲁迅复"北斗杂志社"一封信里所举的八条写文章的规则之中的三条，对青年作家是对症下药的，值得每个青年作家悬为座右铭：

第一条：留心各样的事情，多看看，不看到一点就写。

第二条：写不出的时候不硬写。

第四条：写完后至少看两遍，竭力将可有可无的字、句、段删去，毫不可惜。宁可将可作小说的材料缩成速写，决不将速写材料拉成小说。

这三条都是作家的金科玉律，对于青年作家来说，第四条特别切合实际，要多作短小精悍的速写，不要一来就写长篇大作。我因此联想起德国青年爱克曼不畏长途跋涉，走向歌德求教，初到不久，歌德就谆谆教导他"不要写大部头作品"，说许多作家包括他自己在内都在"贪图写大部头作品上吃过苦头"，接着他就说出理由：

> 现实生活应该有表现的权利。诗人由日常现实生活触动起来的思想情感都要求表现，而且也应该得到表现。可是如果你脑子里老在想着写一部大部头的作品，此外一切都得靠边站，一切思虑都得推开，这样就要丧失掉生活本身的乐趣。……结果所获得的也不过是困倦和精力的瘫痪。反之，如果作者每天都抓住现实生活，经常以新鲜的心情来处理眼前事物，他就总可以写出一点好作品，即使偶尔不成功，也不会有多大损失。①

歌德的这番话劝青年作家多就日常现实生活作短篇速写，和鲁迅的教导是不谋而合的。这是一种走向现实主义文艺道路的训练。特别是在现代繁忙生活中，每个人的时间都很宝贵，不容易

---

① 爱克曼：《歌德谈话录》，第 4 ～ 5 页，人民文学出版社 1978 年版。

抽出功夫去读"将速写拉成小说"的作品。速写不拉成小说，就要写得简练。我个人生平爱读的一部书是《世说新语》，语言既简练而意味又隽永，是典型的速写作品。刚才引的爱克曼的《歌德谈话录》也正是速写，可见速写也可以写出传世杰作，千万不要小看它。速写最大的方便在于无须费大力去搜寻题材，只要你听从鲁迅的第一条："留心各样的事情，多看看"的教导，速写的材料在日常生活中就俯拾即是，记一次郊游，替熟悉的朋友画个像，记看一次电影的感想，记一次学习会，对当天报纸新闻发一点小议论，给不在面前的爱人写封情书，或是替身边的小朋友编个小童话，讲个小故事，不都行吗？如果你相信我，说到就做到，马上就开始练习速写吧！练习到三五年，你不愁不能写出文学作品，也不愁一些美学问题得不到解决。

十　浪漫主义和现实主义

朋友们：

　　浪漫主义和现实主义是一个极难谈而又不能不谈的问题。难谈，因为这两个词都是在近代西方才流行，而西方文艺史家对谁是浪漫主义派谁是现实主义派并没有一致的意见。例如斯汤达尔和巴尔扎克都是公认的现实主义大师，而朗生在他的著名的《法国文学史》里，却把他们归到"浪漫主义小说"章，丹麦文学史家布兰代斯在他的名著《十九世纪欧洲文学主潮》里也把这两位现实主义大师归到"法国浪漫派"。再如福楼拜还公开反对过人们把他尊为现实主义的主教：

　　　　大家都同意称为"现实主义"的一切东西都和我毫不相干，尽管他们要把我看作一个现实主义的主教。……自然主义者所追求的一切都是我所鄙弃的。……我所到处寻求的只是美。

值得注意的是福楼拜和一般法国人当时都把现实主义和自然主义看作一回事。以左拉为首的法国自然主义派也自认为是现实主义派。朗生在《法国文学史》里也把福楼拜归到"自然主义"卷里。我还想不起十九世纪有哪一位大作家把"浪漫主义"或"现实主义"的标签贴在自己身上。

这问题难谈，还有涉及更实质性的一面，就是没有哪一位真正伟大的作家是百分之百的浪漫主义者或百分之百的现实主义者，实在很难在他们身上贴个名副其实的标签。关于这一点，高尔基在《我怎样学习写作》里说得最好：

> 在谈到象巴尔扎克、屠格涅夫、托尔斯泰、果戈理⋯⋯这些古典作家时，我们就很难完全正确地说出，——他们到底是浪漫主义者，还是现实主义者。在伟大的艺术家们身上，现实主义和浪漫主义好象永远是结合在一起的。[①]

姑举莎士比亚和歌德这两位人所熟知的大诗人为例。莎士比亚是近代浪漫运动的一个很大的推动力，过去文学史家们常把他

---

① 高尔基：《论文学》，第 163 页，人民文学出版社 1978 年版。

的戏剧看作和"古典型戏剧"相对立的"浪漫型戏剧",而近来文学史家们却把莎士比亚尊为"伟大的现实主义者"。究竟谁是谁非呢?两说合起来看都对,分开来孤立地看,就都不对。可是我们的文学史家和批评家们在苏联的影响之下,往往把现实主义和浪漫主义割裂开来,随意在一些伟大的作家身上贴上片面的标签。而且由于客观主义在我们中间有较广泛的市场,现实主义又错误地和客观主义混淆起来,因而就比主观色彩较浓的浪漫主义享有较高的荣誉。只要是个大作家,哪怕浪漫主义色彩很浓的诗人,例如拜伦、雪莱和普希金,都成了只是现实主义者,他们的浪漫主义的一面就硬被抹煞掉了。这是对历史事实的歪曲,在读者中容易滋生误解。所以这个难问题还不能不谈。

浪漫主义和现实主义的区分,作为文艺流派和作为创作方法,是应该分别清楚的。作为创作方法,它适用于各个时代和各个民族;作为文艺流派,它只限于十八世纪末到十九世纪末的一个短暂的时间。过去西方常谈的是古典主义和浪漫主义,很少谈浪漫主义和现实主义,歌德就是一个著例。他在1830年3月21日这样说过:

> 古典诗和浪漫诗的概念现已传遍全世界,引起许多争执和分歧。这个概念起源于席勒和我两人。我主张诗应采取从客观世界出发的原则,认为只有这种创作方法才可取。但是

席勒却用完全主观的方法去写作，认为只有他那种创作方法才是正确的。为了针对我来为他自己辩护，席勒写了一篇论文，题为《论素朴的诗和感伤的诗》。他想向我证明：我违反了自己的意志，实在是浪漫的，说我的《伊菲革涅亚》由于情感占优势，并不是古典的或符合古代精神的，如某些人所相信的那样。施莱格尔弟兄①抓住这个看法把它加以发挥，因此它就在世界传遍了，目前人人都在谈古典主义和浪漫主义，这是五十年前没有人想得到的区别。②

这是涉及本题的最早的也是最重要的文献。歌德本人是标榜古典主义者，而依他的说明，古典主义"从客观世界出发"，所以就是现实主义。席勒"完全用主观的方法"创作，所以是走浪漫主义道路的。

歌德所谈到的席勒的长篇论文对本题也特别重要。席勒从人与自然的关系来区别古典诗（即素朴的诗）与浪漫诗（即感伤的诗）。他认为在希腊古典时代，人与自然一体，共处相安，人只消把自然加以人化或神化，就产生素朴的诗；近代人已与自然分裂，眷念人类童年（即古代）的素朴状态，就想"回到自然"，已去者不可复返，于是心情怅惘，就产生感伤的诗。素朴诗人所

---

① 当时德国著名的文学史家和文艺批评家。
② 《歌德谈话录》，第 221 页，人民文学出版社 1978 年版。

反映的是直接现实，感伤诗人却表现由现实提升上去的理想。依席勒看，古典主义和浪漫主义的对立就是现实主义与理想主义的对立。古典主义就是现实主义，这是他和歌德一致的；浪漫主义就是理想主义，这却是他的独特的看法。值得特别注意的是席勒在这篇论文里第一次在文艺上用了"现实主义"这个词（过去只用于哲学）。

　　无论是歌德还是席勒，都把浪漫主义和古典主义（实即现实主义）当作文艺创作方法来看，还没有把它们当作文艺流派来看，因为当时流派还没有正式形成。从历史发展看，浪漫运动起来较早，是西方资产阶级上升时期个人自由和自我扩张的思想的反映，是政治上对封建领主和基督教会联合统治的反抗，文艺上对法国新古典主义的反抗。这次反抗运动是由法国启蒙运动掀起的，继起的法国大革命又对它增加了巨大推动力，德国唯心主义哲学对它也起了很大的影响。德国古典哲学（包括美学）本身就是思想领域的浪漫运动。单就美学来说，康德、黑格尔和席勒等人对崇高、悲剧性、天才、自由和个性特征的研究，特别是把文艺放在历史发展的大轮廓里去看的初步尝试，都起了解放思想的作用，提高了人的尊严，深化了人们对于文艺的理解和敏感。由于德国古典哲学是唯心的，把精神和物质的关系首尾倒置，而且把主观能动性摆在不恰当的高度，放纵情感，驰骋幻想，到了漫无约束的程度，产生了施莱格尔所吹嘘的"浪漫式的滑稽态度"，把世间一切看作诗人凭幻想任意摆弄的玩具。

浪漫主义又可分积极的和消极的两派。这个分别是首先由高尔基在《谈谈我怎样学习写作》里指出的：

> 在浪漫主义里面，我们也必须分别清楚两个极端不同的倾向：一个是消极的浪漫主义，——它或则是粉饰现实，想使人和现实妥协；或则是使人逃避现实，堕入自己内心世界的无益的深渊中去，堕入"人生命运之谜"，爱与死等思想里去。……〔另一个是〕积极的浪漫主义，则企图加强人的生活意志，唤起人心中对现实及其一切压迫的反抗心。

从此可见，这两种倾向的差别主要是人生观和政治立场的差别，有它的阶级内容。这当然是正确的，资产阶级文学史家们一般蔑视这种分别，是为着要掩盖社会矛盾，为现存制度服务。不过这个分别也不宜加以绝对化，积极的浪漫主义派往往也有消极的一面，消极的浪漫派往往也有积极的一面，应就具体情况作具体分析。例如在英国多数人眼中，在华兹华斯、雪莱和拜伦这三位浪漫派诗人之中，华兹华斯的地位最高，其次才是雪莱和拜伦，可是由于我们的文学史家们把雪莱和拜伦摆在积极的浪漫主义派，甚至摆在现实主义派，把华兹华斯摆在消极的浪漫主义派，甚至一棍子打死，根本不提，这不见得是公允的，或符合马克思主义的。

　　现实主义作为流派，单就起源来说，在西方比浪漫运动较迟，它反映资本主义社会弊病日益显露，资产阶级的幻想开始破灭。科学随工商业的发达所带来的唯物主义和实证主义对它也起了作用。它本身是对于浪漫运动的一种反抗。它不象浪漫运动开始时那样大吹大擂，而是静悄悄地登上历史舞台的，就连现实主义（realism）的称号比起现实主义流派的实际存在还更晚。上文提到的席勒初次使用的"现实主义"指希腊古典主义，与近代现实主义流派不是一回事。作为流派而得到"现实主义"这个称号是在1850年，一位并不出名的法国小说家向佛洛里（Chamflaury），和法国画家库尔柏（Courbet）和多弥耶（Daumier）等人办了一个以《Réalisme》（现实主义）为名的刊物。他们倒提出了一个口号"不美化现实"，显然受到荷兰画家伦勃朗等人（惯画平凡的甚至丑陋的老汉、村妇或顽童）的画风的影响。当时不但浪漫运动已过去，就连现实主义的一些西欧大师也已完成了他们的杰作，不可能受到这个只办了六期的"现实主义"刊物的影响。

　　对现实主义文艺提供理论基础的有两种著作值得一提。一种是斯汤达的论文《拉辛和莎士比亚》[①]，这部著作被某些文学史家称为"现实主义作家宣言"，其实它的主旨是攻击新古典主义代

---

① 可参看王道乾的译文，上海译文出版社1979年出版。

表拉辛而推尊"浪漫型戏剧"开山祖莎士比亚的。他的名著《红与黑》的浪漫主义色彩也还很浓。另一种是实证主义派泰纳的《艺术哲学》①。泰纳是应用心理学和社会学来研究美学的一位先驱，代表作是《论智力》，已为《艺术哲学》打下基础。他的基本观点是文艺的决定因素不外种族、环境（即他所谓"社会圈子"）和时机三种。他还认为文艺要表现人类长久不变的本质特征，而人性中对社会最有益的特征是孔德所宣扬的爱。不过泰纳的主要著作都在十九世纪后半期才出版，也不能看作现实主义者预定的纲领。

法国人向来把现实主义叫做"自然主义"。不过法国以外的文学史们一般却把现实主义和自然主义严格分开，而且"自然主义"多少已成为一个贬词，成为现实主义的尾巴或庸俗化。它在法国的开山祖的主要代表是左拉，他把实证科学过分机械地搬到小说创作里去，他很崇拜贝尔纳的《实验医学研究》，于是就企图运用这位医师的方法来建立所谓"实验小说"。他说：

> 在每一点上我都要把贝尔纳做靠山。我一般只消把"小说家"这个名称来代替"医生"这个名称，以便把我的思想表达清楚，使它具有科学真理的精确性。②

① 可参看傅雷的译文，人民文学出版社 1963 年出版。
② 《实验小说》法文版，第 2 页。

这里所说的"科学真理的精确性"实际上是指自然现象细节的真实性，而不要求抓住客观事物的本质。左拉在他的《卢贡家族的家运》里对一个家族及其所住的小镇市作了一百几十页的烦琐描述，可以为证。自然现象细节的真实性并不等于客观事物的本质和典型化。真正的现实主义所要求的是从具体客观事物出发，去伪存真，去粗取精，对客观事物加以典型化或理想化，显出客观事物的本质和规律，而自然主义虽然也从具体客观事物出发，却满足于依样画葫芦，特别侧重浮面现象的细节，这是现实主义和自然主义的基本分歧。

谈到现实主义，还要说明一下文学史家们所惯用的一个名词："批判现实主义"。首创这个名词的是高尔基。他在一次和青年作家的谈话中，把近代现实主义作家称为资产阶级的"浪子"，指出他们用的是批判现实主义，其特点是：

……除了揭发社会恶习，描写家族传统，宗教教条和法规压制下的个人的生活和冒险外，它不能给人指出一条出路，它很容易地安于现状。

这是不是说批判现实主义是现实主义流派中一个支派呢？恐怕不能这样看。十八、九世纪的现实主义大师们一般都是"资产阶级浪子"，都起了"揭发社会恶习"的作用，却也都没有"指出一条出路"！高尔基正是在肯定他们的功绩时，指出了他们的缺陷。

从上文所谈的可以看出：现实主义和浪漫主义作为流派与作为创作方法虽有联系，却仍应区别开来。作为流派，它在西方限于十八世纪末期到十九世纪末期，不过有一百年左右的历史。这是特定社会民族在特定时期的历史产物，我们不应把这种作为某一民族、某一时期流派的差别加以普遍化，把它生硬地套到其它时代的其它民族的文艺上去。可是在我们的文学史家们之中，这种硬套办法还很流行，说某某作家是浪漫主义派，某某作家是现实主义派。作为创作方法，任何民族在任何时期都可以有侧重现实主义与侧重浪漫主义之分。象歌德和席勒等人早就说过的，现实主义从客观现实世界出发，抓住其中本质特征，加以典型化；浪漫主义侧重从主观内心世界出发，情感和幻想较占优势。这两种创作方法的基本区别倒是普遍存在的。亚理斯多德在《诗学》第二十五章就已指出三种不同的创作方法：

> 象画家和其他形象创造者一样，诗人既然是一种摹仿者，他就必然在三种方式中选择一种去摹仿事物：按照事物本来的样子去摹仿，按照事物为人所说所想的样子去摹仿，或是照事物的应当有的样子去摹仿。

这三种之中第二种专指神话传说的创作方法，暂且不谈，第一种"按照事物本来的样子去摹仿"便是现实主义，第三种"照事物应当有的样子去摹仿"，从前一般叫做"理想主义"，也可以说就是浪漫主义，因为"理想"仍是人们主观方面的因素。

不过过去人们虽早已看出这种分别，却没有在这上面大做文章。等到十八、九世纪作为流派的浪漫主义和现实主义各树一帜，互相争执，于是原先只是自在的分别便变成自觉的分别了。文艺史家和批评家抓住这个分别来检查过去文艺作品，也就把它们分派到两个对立的阵营中去了。例如有人说在荷马的两部史诗之中，《伊利亚特》是现实主义的，而《奥德赛》却是"浪漫主义"的，并且有人因此断定《奥德赛》的作者不是荷马而是一位女诗人，大概是因为女子较富于浪漫气息吧？

我个人仍认为两种创作方法虽然是客观存在，却不宜过分渲染，使旗帜那样鲜明对立。我还是从主客观统一的观点来看待这个问题。诗是反映客观事物的，而反映客观事物却要通过进行创作的诗人，这里有人有物，有主体，有客体，缺一不行。这问题的正确答案还是所引过的高尔基的那段话，不妨重复一下其中关键性的一句：

在伟大的艺术家们身上，现实主义和浪漫主义时常好象是结合在一起的。

高尔基曾指责批判现实主义"不能给人指出一条出路"，出路何在？当然在革命。所以在我们的社会主义时代，我还是坚信毛泽东同志的"革命的现实主义与革命的浪漫主义相结合"的主张。是否随苏联提"社会主义现实主义"较好呢？我还没有想通，一，为什么单提现实主义而不提浪漫主义呢？二，如果涉及过去文艺史，是否也应在"现实主义"之上安一个"奴隶社会"、"封建社会"或"资本主义"的帽子呢？对这个问题我才开始研究，还不敢下结论。这也是一个重要问题，请诸位也分途研究一下。

十一　典型环境中的典型人物

朋友们：

前信略谈了各门艺术的差别和关系以及文学作为语言艺术的独特地位，在这个基础上就可接着谈文学创作中"典型环境中的典型人物"这个重要问题了。

艺术创作的功用不外是抒情、状物、叙事和说理四大项。各门艺术在这四方面各有特点，例如音乐和抒情诗歌特长于抒情，雕刻和绘画特长于状物，史诗、戏剧和小说特长于叙事，一般散文作品和文艺科学论著特长于说理。说理文做得好也可以成为文学典范，例如柏拉图的《对话集》、庄周的《庄子》、莱布尼兹的《原子论》和达尔文的《物种起源》。总的来说，文学对上述四大方面都能胜任愉快，而特长在叙事，"典型环境中的典型人物"也主要涉及叙事。事就是行动，即有发展过程的情节。行动的主角就是亚理斯多德所说的"在行动中的人"，即人物。人物性格

（character）这个词在西文中所指的实即中国戏剧术语的"角色"。character 的派生词 characterestic 是"特征"。在近代文艺理论中"特征"也带有"典型"的意思。典型（希腊文 tupo，英文 type）的原义是铸物的模子，同一模型可以铸造出无数的铸件。这个词在希腊文与 Idee 为同义词，Idee 的原义为印象或观念，引申为 ideal 即理想，因此在西文中过去常以"理想"来代替"典型"，在近代，"理想"和"典型"也有时互换使用。"环境"指行动发生的具体场合，即客观现实世界，包括社会类型、民族特色、阶级力量对比、文化传统和时代精神，总之，就是历史发展的现状和趋势。这些词有时引起误解，所以略加说明。

亚理斯多德在《诗学》第九章里曾对艺术典型作了很好的说明，到近代，西方文艺理论家们才逐渐理解它的很深刻的意义，其文如下：

> 诗人的职责不在描述已发生的事，而在描述可能发生的事，即按照可然律和必然律是可能的事。……因此，诗比历史是更哲学的，更严肃的，因为诗所说的大半带有普遍性，而历史所说的则是个别的事。所谓普遍性是指某一类型的人，按照可然律或必然律，在某种场合会做些什么事，说些什么话，诗的目的就在此，尽管它在所写的人物上安上姓名。

由此可见，亚理斯多德强调艺术典型须显出事物的本质和规律，不是于事已然，而是于理当然，于事已然都是个别的，于理当然就具有普遍性，所以说诗比历史更是哲学的，更严肃的，也就是具有更高度的真实性。不过诗所写的还是个别人物，即"安上姓名的"人物。在个别人物事迹中见出必然性与普遍性，这就是一般与特殊的统一，正是艺术典型的最精确的意义。

毛泽东同志《在延安文艺座谈会上的讲话》里对艺术典型也说得极透辟：

> 人类的社会生活虽是文学艺术的唯一源泉，虽是较之后者有不可比拟的生动丰富的内容，但是人民还是不满足于前者而要求后者。这是为什么呢？因为虽然两者都是美，但是文艺作品中反映出来的生活却可以而且应该比普通的实际生活更高，更强烈，更有集中性，更典型，更理想，因此就更带普遍性。革命的文艺，应当根据实际生活创造出各种各样的人物来，帮助群众推动历史的前进。①

这在强调文艺比实际生活更高等方面，与亚理斯多德的话不谋而合，但在新的形势下毛泽东同志特别点出革命的文艺"帮助

---

① 《毛泽东选集》第三卷，第 818 页，人民出版社 1967 年版。

群众推动历史前进"的教育作用。

在西方，亚理斯多德的《诗学》长期没有发生影响，而长期发生影响的是罗马文艺理论家贺拉斯（公元前65—公元8年）的《论诗艺》。这位拉丁古典主义代表把典型狭窄化为"类型"和"定型"。亚理斯多德所强调的普遍性不是根据统计平均数而是符合事物的本质和规律，贺拉斯的"类型"则论量不论质，普遍性不是合理性而是代表性，具有类型的人物就是他那一类人物的代表。贺拉斯在《论诗艺》里劝告诗人说："如果你想听众屏息静听到终场，鼓掌叫好，你就必根据每个年龄的特征，把随着年龄变化的性格写得妥贴得体，……不要把老年人写成青年人，把小孩写成成年人。"可见类型便是同类人物的常态，免不了公式化、概念化，既不顾具体环境，也不顾人物的个性。

类型之外，贺拉斯还提出"定型"。他号召诗人最好借用古人在神话传说或文艺作品中已经用过的题材和人物性格，古人把一个人物性格写成什么样，后人借用这个人物性格，也还应写成那样，例如荷马把阿喀琉斯写成"暴躁、残忍和凶猛的人物"，你借用这个古代英雄，也就得把他写成象荷马所写的那样。这种"定型"正是中国旧戏所常用的，例如写曹操或诸葛亮，你就得根据《三国演义》，写宋江或鲁智深，你就得根据《水浒》，写林黛玉或尤三姐，你就得根据《红楼梦》。

贺拉斯之后，西方文艺理论发生影响最大的是十七世纪法国新古典主义代表布瓦罗，他也写过一本《论诗艺》，也跟着贺拉斯宣扬类型和定型。这种使典型庸俗化和固定化的类型为一般而牺牲特殊，为传统而牺牲现实，当然不合我们近代人的口味，但是在过去却长期受到欣赏。理由大概有两种，一种是过去统治阶级（特别是封建领主）为了长保政权，要求一切都规范化和稳定化，类型便是文艺上的规范化，定型便是文艺上的稳定化。也是为了这种政治原因，过去在文艺上登上舞台的主角一般就是在政治上登上舞台的领导人物，他们总是被美化成威风凛凛不可一世的英雄，至于平民一般只能当喜剧中的丑角乃至"跑龙套的"，在正剧中至多也只当个配角。类型和定型盛行的另一个理由是被统治阶级的文化就是统治阶级的文化，一般倾向保守。所以一般听众对自己所熟知的人物和故事比对自己还很生疏的题材和音调还更喜闻乐见。就连我们自己也至今还爱听《三国演义》、《封神榜》和《水浒》之类旧小说中的故事和取材于它们的戏剧和曲艺。

话虽如此说，自从近代资产阶级登上历史舞台以来，艺术典型观也确实起了两个重大的转变。（一）在一般与特殊（共性与个性）的对立关系上，重点由共性转向个性，终于达到共性与个性的统一。解放个性原是新兴资产阶级的一个理想。（二）在人物行动的动因方面，艺术典型由蔑视或轻视环境转向重视环境，甚至比人物性格还看得更重要。从前只讲人物性格，现在却讲"典型环境中的典型人物"。这主要由于近代社会政局的激变与自然科学和社会科学的发展而造成的。在美学中这两大转变由德国古典哲学特别是黑格尔哲学开其端，由马克思主义创始人在批判黑格尔的基础上集其大成。现在分述如下：

艺术典型作为共性与个性的统一体所涉及的首要问题是在创作过程中究竟先从哪一方面出发，是从共性还是从个性？这也就是从公式、概念出发还是从具体现实人物事迹出发？首先提出这个问题的是德国诗人歌德。他在1824年的《关于艺术的格言和感想》中有一段著名的语录：

> 诗人究竟为一般而找特殊，还是在特殊中显出一般，这中间有很大的分别。由前一种程序产生出寓意诗，其中特殊只作为一个例证才有价值。后一种程序才适合诗的本质，它表现出一种特殊，并不想到或明指出一般，谁如果生动地掌握住这特殊，他就会同时获得一般而当时却意识不到，或是事后才意识到。

这个提法很好地解决了形象思维与文艺思想性的关系问题，是一个现实主义的提法，在当时美学界产生了广泛的影响。

黑格尔受歌德的影响就很深，在他的《美学》里多次提到歌德的这类思想。但是他的"理念的感性显现"那个著名的美的定义（亦即艺术典型的定义）显然还是从概念出发，带有客观唯心主义的烙印。不过他比歌德毕竟前进了一步，他认识到歌德还没有认识到或没有充分强调过的典型人物性格与典型环境的统一，而典型环境起着决定典型人物性格的作用。"环境"在黑格尔的词汇中叫做"情境"（situation），是由当时"世界情况"（welt zustand）决定的。世界情况包括他有时称之为"神"的"普遍力量"，即某特定时代的伦理、宗教、法律等方面的人生理想，例如恋爱、名誉、光荣、英雄气质、友谊、亲子爱之类所凝成的"情致"。这些情致各有片面性，在特定情境中会导致冲突斗争（例如忠孝不能两全的情境）。在这种情境中当事人须在行动上决定何去何从，这时才可以显出他的性格，才"揭露出他究竟是什么样的人"，"人格的伟大和刚强的程度只有借矛盾对立的伟大和刚强的程度才能衡量出来"。他这样运用辩证发展的观点来说明人物性格的形成，是颇富于启发性的。他的著名的悲剧学说就是根据这种辩证观点提出来的。

黑格尔虽从"理念"出发，却仍把重点放在"感性显现"上，体现理想的人仍必须是一个活生生的有血有肉的人，他说得很明确：

　　　　每个人都是一个整体，本身就是一个世界，每个人都是
　　　一个完满的有生气的人，而不是某种孤立的性格特征的寓言

式的抽象品。^①

在这一点上他毕竟仍和歌德一致，他在《美学》中对一些人性格的分析也显出这一点。

马克思主义创始人就是在批判继承黑格尔的美学体系中形成他们的艺术典型观的。恩格斯在致敏·考茨基的信里谈她的《旧人与新人》时说：

> ……每个人都是典型，但同时又是一定的个人。正如黑格尔老人所说的，是"一个这个"（Ein dieser），而且应当是如此。^②

不少的读者（包括过去的我自己）感到"一个这个"很费解。其实这个出自《精神现象学》的词组原指"一个这样的具体感性事物"，在这里就指"一个这样的具体人物"，亦即上文"一定的个人"，仍须和上文"每个人都是典型"句联系在一起来看，仍是强调典型与个性的统一。恩格斯在下文批评《旧人与新人》的缺点说，"爱莎过于理想化"，"在阿尔诺德身上，个性就更多地

---

① 黑格尔：《美学》第一卷，第 303 页，商务印书馆 1979 年版。
② 《马克思恩格斯选集》第四卷，第 453 页，人民出版社 1972 年版。译文略有改动。

消融到原则里去了"，就是说概念淹没了个性，还不够典型。从此可以体会出上引一段话与其说是称赞《旧人与新人》，倒不如说是陈述他自己的艺术典型观，特别是因为他引了黑格尔的话之后加上了"而且应当如此"。

已成成语的"典型环境中的典型人物"是由恩格斯在《致玛·哈克奈斯的信》中首次提出的：

> 据我看来，现实主义的意思是，除细节的真实外，还要真实地再现典型环境中的典型人物。①

恩格斯认为《城市姑娘》还不完全是现实主义的，因为作者对其中人物在消极被动方面的描绘，虽说是够典型的，"但是环绕着这些人物并促使他们行动的环境也许就不是那样典型了"。故事情节发生在 1887 年左右，当时工人运动已在蓬勃发展，而《城市姑娘》却把当时工人阶级描写成消极被动的一群，等待"来自上面"的恩施，这就不符合历史发展的真实情况，也就是说，环境不够典型。环境既是"环绕着书中人物而促使他们行动的"，环境既不是典型的，人物也就不可能是典型的了。恩格斯与人为善，话往往说得很委婉，在肯定她的人物够典型之前加上一句"在

---

① 《马克思恩格斯选集》第四卷，第 462 页，人民出版社 1972 年版。

他们的限度之内"（So far as they go，信原是用英文写的），也就是说"象你所设想的他们那样消极被动"。这封信值得特别注意的是恩格斯把"真实地再现典型环境中的典型人物"看作现实主义的主要因素。典型既然这样与现实主义联系起来，双方都因此获得一个新的更明确的涵义，就是符合历史发展的真实情况。马克思和恩格斯都推尊巴尔扎克的《人间喜剧》，也正因为它真实地反映了1816—1848年的历史发展中一些典型环境中的典型人物。

最能说明典型须符合历史发展真实情况的是马克思和恩格斯分别答复拉萨尔的两封信。他们不约而同地都指责拉萨尔所谓"革命悲剧"《佛朗茨·封·济金根》里把一个已没落而仍力图维护特权的封建骑士，写成一个要求宗教自由和民族统一的新兴资产阶级代言人，向罗马教廷和封建领主进行斗争。拉萨尔没有看到当时革命势力是闵泽尔所领导的农民和城市平民。他这个机会主义者竟歪曲了当时历史发展的情况和趋势。更荒谬的是他把十七世纪的德国封建骑士的内哄的失败说成"革命悲剧"，而且认为后来的法国革命和1848年的欧洲各国革命的失败也都是复演那次骑士内哄的悲剧，并预言将来的革命也会复演那次悲剧，理由是革命者"目的无限而手段有限"，不得不耍"外交手腕"进行欺骗。这就不但根本否定了革命，也否定了历史发展和典型环境中的典型人物。他甚至扬言农民起义比起骑士内哄还更反动。马克思看出他不可救药，便不再回他的信，于是轰动一时的"济金根论战"便告结束。

从上引几封信看，马克思主义创始人都把典型环境看作决定人物性格的因素，而典型环境的内容首先是当时阶级力量的对比。他们的态度始终是朝前看的，他们的同情始终是寄托在前进的革命的一方。他们赋予典型环境中的典型人物性格以一种崭新的意义：典型环境是革命形势中的环境，典型人物也是站在革命方面的人物。我们研究剧本和小说，如果经常根据马克思主义的典型观，对环境和人物性格都进行认真的分析，对文学作品和美学理论的理解就会比较深透些，今后不妨多在这方面下工夫。

十二　审美范畴中的悲剧性和喜剧性

朋友们：

诸位来信有问到审美范畴的。范畴就是种类。审美范畴往往是成双对立而又可以混合或互转的。例如与美对立的有丑，丑虽不是美，却仍是一个审美范畴。讨论美时往往要联系到丑或不美，例如马克思在《经济学—哲学手稿》里就提到劳动者创造美而自己却变成丑陋畸形。特别在近代美学中丑转化为美已日益成为一个重要问题。丑与美不但可以互转，而且可以由反衬而使美者愈美，丑者愈丑。我们在第二封信里就已举例约略谈到丑转化为美以及肉体丑可以增加灵魂美的问题。这还涉及自然美和艺术美的差别和关系的问题。对这类问题深入探讨，可以加深对辩证唯物主义的理解。

美与丑之外，对立而可混合或互转的还有崇高和秀美以及悲剧性与喜剧性两对审美范畴。既然叫做审美范畴，也就要隶属于美与丑这两个总的范畴之下。崇高（亦可叫做"雄伟"）与秀美的对立类似中国文论中的"阳刚"与"阴柔"。我在旧著《文艺心理学》第十五章里曾就此详细讨论过。例如狂风暴雨、峭岩悬瀑、老鹰古松之类自然景物以及莎士比亚的《李尔王》、米开朗琪罗的雕刻和绘画、贝多芬的《第九交响曲》、屈原的《离骚》、庄子的《逍遥游》和司马迁的《项羽本纪》、阮籍的《咏怀》、李白的《古风》一类文艺作品，都令人起崇高或雄伟之感。春风微雨、娇莺嫩柳、小溪曲涧荷塘之类自然景物和赵孟頫的字画、《花间集》、《红楼梦》里的林黛玉、《春江花月夜》乐曲之类文艺作品都令人起秀美之感。崇高的对象以巨大的体积或雄伟的精神气魄突然向我们压来，我们首先感到的是势不可挡，因而惊惧，紧接着这种自卑感就激起自尊感，要把自己提到雄伟对象的高度而鼓舞振奋，感到愉快。所以崇高感有一个由不愉快而转化到高度愉快的过程。一个人多受崇高事物的鼓舞可以消除鄙俗气，在人格上有所提高。至于秀美感则是对娇弱对象的同情和宠爱，自始至终是愉快的。刚柔相济，是人生应有的节奏。崇高固可贵，秀美也不可少。这两个审美范畴说明美感的复杂性，可以随人而异，也可以随对象而异。

至于悲剧和喜剧这一对范畴在西方美学思想发展中一向就占据特别重要的地位，这方面的论著比任何其它审美范畴的都较多。我在旧著《文艺心理学》第十六章"悲剧的喜感"里和第十七章"笑与喜剧"里已扼要介绍过，在新著《西方美学史》里也随时有所陈述，现在不必详谈。悲剧和喜剧都属于戏剧，在分谈悲剧与喜剧之前，应先谈一下戏剧总类的性质。戏剧是对人物动作情节的直接摹仿，不是只当作故事来叙述，而是用活人为媒介，当着观众直接扮演出来，所以它是一种最生动鲜明的艺术，也是一种和观众打成一片的艺术。人人都爱看戏，不少的人都爱演戏。戏剧愈来愈蓬勃发展。黑格尔曾把戏剧放在艺术发展的顶峰。西方几个文艺鼎盛时代，例如古代的希腊，文艺复兴时代的英国、西班牙和法国，浪漫运动时代的德国都由戏剧来领导整个时代的文艺风尚。我们不禁要问：戏剧这个崇高地位是怎样得来的？要回答这个问题，还要"数典不能忘祖"。不但人，就连猴子鸟雀之类动物也爱摹仿同类动物乃至人的声音笑貌和动作来做戏。不但成年人，就连婴儿也爱摹仿所见到的事物来做戏，表现出离奇而丰富的幻想，例如和猫狗乃至桌椅谈话，男孩用竹竿当作马骑，女孩装着母亲喂玩具的奶。这些游戏其实就是戏剧的雏形，也是对将来实际劳动生活的学习和训练。多研究一下"儿戏"，就可以了解关于戏剧的许多道理。首先是儿童从这种游戏中得到很大的快乐。这种快乐之中就带有美感。人既然有生命力，就要使他的生命力有用武之地，就要动，动就能发挥生命力，就感到舒畅；不动就感到"闷"，闷就是生命力被堵住，不得畅通，就感到愁苦。汉语"苦"与"闷"连用，"畅"与"快"连用，是大有道理的。马克思论劳动，也说过美感就是人使各种本质力量能发挥作用的乐趣。人为什么爱追求刺激和消遣呢？都是要让生命力畅通无阻，要从不断活动中得到乐趣。因此，不能否定文艺（包括戏剧）的消遣作用，消遣的不是时光而是过剩的精力。要惩罚囚犯，把他放在监狱里还戴上手铐脚镣，就是逼他不能自由动弹而受苦，所以囚犯总是眼巴巴地望着"放风"的时刻。我们现在要罪犯从劳动中得到改造，这是合乎人道主义的。我们正常人往往进行有专责的单调劳动，只有片面的生命力得到发挥，其它大部分生命力也遭到囚禁，难得全面发展，所以也有定时"放风"的必要。戏剧是一个最好的"放风"渠道，因为其它艺术都有所偏，偏于视或偏于听，偏于时间或偏于空间，偏于静态或偏于动态，而戏剧却是综合性最强的艺术，以活人演活事，使全身力量都有发挥作用的余地，而且置身广大群众中，可以有同忧同乐的社会感。所以戏剧所产生的美感在内容上是最复杂、最丰富的。

无论是悲剧还是喜剧，作为戏剧，都可以产生这种内容最复杂也最丰富的美感。不过望文生义，悲喜毕竟有所不同，类于悲剧的喜感，西方历来都以亚理斯多德在《诗学》里的悲剧净化论为根据来进行争辩或补充。依亚理斯多德的看法，悲剧应有由福转祸的结构，结局应该是悲惨的。理想的悲剧主角应该是"和我们自己类似的"好人，为着小过失而遭到大祸，不是罪有应得，也不是完全无过错，这样才既能引起恐惧和哀怜，又不至使我们的正义感受到很大的打击。恐惧和哀怜这两种悲剧情感本来就是不健康的，悲剧激起它们，就导致它们的"净化"或"发散"

(katharsis)，因为象脓包一样，把它戳穿，让它发散掉，就减轻它的毒力，所以对人在心理上起健康作用。这一说就是近代心理分析派弗洛伊德（S.Freud）的"欲望升华"或"发散治疗"说的滥觞。依这位变态心理学家的看法，人心深处有些原始欲望，最突出的是子对母和女对父的性欲，和文明社会的道德法律不相容，被压抑到下意识里形成"情意综"，作为许多精神病例的病根。但是这种原始欲望也可采取化装的形式，例如神话、梦、幻想和文艺作品往往就是原始欲望的化装表现。弗洛伊德从这种观点出发，对西方神话、史诗、悲剧乃至近代一些伟大艺术家的作品进行心理分析来证明文艺是"原始欲望的升华"。这一说貌似离奇，但其中是否包含有合理因素，是个尚待研究的问题。他的观点在现代西方还有很大的影响。

此外，解释悲剧喜感的学说在西方还很多，例如柏拉图的幸灾乐祸说，黑格尔的悲剧冲突与永恒正义胜利说，叔本华的悲剧写人世空幻、教人退让说，尼采的悲剧为酒神精神和日神精神的结合说。这些诸位暂且不必管，留待将来参考。

关于喜剧，亚理斯多德在《诗学》里只留下几句简短而颇深刻的话：

> 喜剧所摹仿的是比一般人较差的人物。"较差"并不是通常所说的"坏"（或"恶"），而是丑的一种形式。可笑的

对象对旁人无害，是一种不至引起痛感的丑陋或乖讹。例如喜剧的面具既怪且丑，但不至引起痛感。

这里把"丑"或"可笑性"作为一种审美范畴提出，其要义就是"谑而不虐"。不过这只是现象。没有说明"丑陋或乖讹"何以令人发笑，感到可喜。近代英国经验派哲学家霍布斯提出"突然荣耀感"说作为一种解释。霍布斯是主张性恶论的，他认为"笑的情感只是在见到旁人的弱点或自己过去的弱点时突然想起自己的优点所引起的'突然荣耀感'"，觉得自己比别人强，现在比过去强。他强调"突然"，因为"可笑的东西必定是新奇的，不期然而然的"。

此外关于笑与喜剧的学说还很多，在现代较著名的有法国哲学家柏格森的《笑》(Le Rire)。他认为笑与喜剧都起于"生命的机械化"。世界在不停地变化，有生命的东西应经常保持紧张而有弹性，经常能随机应变。可笑的人物虽有生命而僵化和刻板公式化，"以不变应万变"，就难免要出洋相。柏格森举了很多例子。例如一个人走路倦了，坐在地上休息，没有什么可笑，但是闭着眼睛往前冲，遇到障碍物不知回避，一碰上就跌倒在地上，这就不免可笑。有一个退伍的老兵改充堂倌，旁人戏向他喊："立正！"他就慌忙垂下两手，把捧的杯盘全部落地打碎，这就引起旁人大笑。依柏格森看，笑是一种惩罚，也是一种警告，使可笑的人觉到自己笨拙，加以改正。笑既有这样实用目的，所以它引起的美感不是纯粹的。"但笑也有几分美感，因为社会和个人在超脱生活急需时把自己当作艺术品看待，才有喜剧。"

现代值得注意的还有已提到的弗洛伊德的"巧智与隐意识"，不过不是三言两语可以介绍清楚的。他的英国门徒谷列格（Greig）在1923年编过一部笑与喜剧这个专题的书目就有三百几十种之多。诸位将来如果对这个专题想深入研究，可以参考。

我提出悲剧和喜剧这两个范畴作为最后一封信来谈，因为戏剧是文艺发展的高峰，是人民大众所喜闻乐见的综合性艺术。从电影剧、电视剧乃至一般曲艺的现状来看，可以预料到愈到工业化的高度发展的时代，戏剧就愈有广阔而光明的未来。社会主义时代是否还应该有悲剧和喜剧呢？在苏联，这个问题早已提出，可参看卢那察尔斯基的《论文学》①中"社会主义现实主义"章。近来我国文艺界也在热烈讨论这个问题。这是可喜的现象。我读过有关这些讨论的文章或报告，感到有时还有在概念上兜圈子的毛病，例如恩格斯在复拉萨尔的信里是否替悲剧下过定义，我们所需要的是否还是过去的那种悲剧和喜剧之类。有人还专从阶级斗争观点来考虑这类问题，有时也不免把问题弄得太简单化了。我们还应该多考虑一些具体的戏剧名著和戏剧在历史上的演变。

从西方戏剧发展史来看，我感到把悲剧和喜剧截然分开在今

---

① 可参看蒋路的译文，人民文学出版社1978年出版。

天已不妥当。希腊罗马时代固然把悲剧和喜剧的界限划得很严，其中原因之一确实是阶级的划分。上层领导人物才做悲剧主角，而中下层人物大半只能侧身于喜剧。到了文艺复兴时代资产阶级（所谓"中层阶级"）已日渐登上政治舞台，也就要求登上文艺舞台了，民众的力量日益增强了，于是悲剧和喜剧的严格划分就站不住了。英国的莎士比亚和意大利的瓜里尼（G.Guarini）不约而同地创造出悲喜混杂剧来。瓜里尼还写过一篇《悲喜混杂剧体诗的纲领》，把悲喜混杂剧比作"寡头政体和民主政体相结合的共和政体"。这就反映出当时意大利城邦一般人民要和封建贵族分享政权的要求。莎士比亚的悲喜混杂剧大半在主情节（main plot）之中穿插一个副情节（sub-plot），上层人物占主情节，中下层人物则侧居副情节。如果主角是君主，他身旁一般还有一两个喜剧性的小丑，正如塞万提斯的传奇中堂吉诃德之旁还有个桑丘·潘沙。这部传奇最足以说明悲剧与喜剧不可分。堂吉诃德本人既是一个喜剧人物，又是一个十分可悲的人物。到了启蒙运动时在狄德罗和莱辛的影响之下，市民剧起来了，从此就很少有人写古典型的悲剧了。狄德罗主张用"严肃剧"来代替悲剧，只要题材重要就行，常用的主角不是达官贵人而是一般市民，有时所谓重要题材也不过是家庭纠纷。愈到近代，科学和理智日渐占上风，戏剧已不再纠缠在人的命运或诗的正义这些方面的矛盾，而要解决现实世界所面临的一些问题，于是易卜生和肖伯纳式的"问题剧"

就应运而起。近代文艺思想日益侧重现实主义，现实世界的矛盾本来很复杂，纵横交错，很难严格区分为悲喜两个类型。就主观方面来说，有人偏重情感，有人偏重理智，对戏剧的反应也有大差别。我想起法国人有一句名言："世界对爱动情感的人是个悲剧，对爱思考的人是个喜剧。"上文我已提到堂吉诃德，可以被人看成喜剧的，也可以被人看作悲剧的。电影巨匠卓别麟也许是另一个实例。他是世所公认的大喜剧家，他的影片却每每使我起悲剧感，他引起的笑是"带泪的笑"。看《城市之光》时，我暗中佩服他是现代一位最大的悲剧家。他的作品使我想起对丑恶事物的笑或许是一种本能性的安全瓣，我对丑恶事物的笑，说明我可以不被邪恶势力压倒，我比它更强有力，可以和它开玩笑。卓别麟的笑仿佛有这么一点意味。

因此，我觉得现在大可不必从概念上来计较悲剧的定义和区别。我们当然不可能"复兴"西方古典型的单纯的悲剧和喜剧。正在写这封信时，我看到最近上演的一部比较成功的话剧《未来在召唤》，在感到满意之余，我就自问：这部剧本究竟是悲剧还是喜剧？它的圆满结局不能使它列入悲剧范畴，它处理现实矛盾的严肃态度又不能使它列入喜剧。我从此想到狄德罗所说的"严肃剧"或许是我们的戏剧今后所走的道路。我也回顾了一下我们自己的戏剧发展史，凭非常浅薄的认识，我感到我们中国民族的喜剧感向来很强，而悲剧感却比较薄弱。其原因之一是我们的"诗的正义感"很强，爱好大团圆的结局，很怕看到亚理斯多德所说的"象我们自己一样的好人因小过错而遭受大的灾祸"。不过这类不符合"诗的正义"（即"善有善报，恶有恶报"）的遭遇在现实世界中却是经常发生的。"诗的正义感"本来是个善良的愿望，我们儒家的中庸之道和《太上感应篇》的影响也起了不少的作用。悲剧感薄弱毕竟是个弱点，看将来历史的演变能否克服这个弱点吧。

现在回到大家在热烈讨论的"社会主义时代还要不要悲剧和喜剧"这个问题，这只能有一个实际意义：社会主义社会里是否还有悲剧性和喜剧性的人和事。过去十几年林彪和"四人帮"的血腥的法西斯统治已对这个问题作出了明确的答复：当然还有！在理论上辩证唯物主义和历史唯物主义也早就对这个问题作了根本性的答复。历史是在矛盾对立斗争中发展的，只要世界还在前进，只要它还没有死，它就必然要动，动就有矛盾对立斗争的人和事，即有需要由戏剧来反映的现实材料和动作情节。这些动作情节还会是悲喜交错的，因为悲喜交错正是世界矛盾对立斗争在文艺领域的反映，不但在戏剧里是如此，在一切其它艺术里也是如此；不但在社会主义时代如此，在未来的共产主义时代也还是如此。祝这条历史长河永流不息！

十三 结束语："还须弦外有余音"

朋友们：

限于篇幅、时间和个人的精力，这些谈美的信只得暂告结束了。回顾写过的十二封信，我感到有些欠缺应向读者道歉。

首先，有些看过信稿的朋友告诉我，"看过你在解放前写的那部《谈美》，拿这部新作和它比起来，我们感觉到你现在缺乏过去的那种亲切感和深入浅出的文笔了；偶尔不免有'高头讲章'的气味，不大好懂，有时甚至老气横秋，发点脾气。"我承认确实有这些毛病，并且要向肯向我说直话的朋友们表示感激。既然在和诸位谈心，我也不妨直说一下我的苦衷。旧的《谈美》是在半个世纪以前我自己还是一个青年的大学生时代写的。那时我和青年们接触较多，是他们的知心人，我自己的思想情感也比现在活跃些，而现在我已是一个进入八十三岁的昏聩老翁了，这几十年来一直在任教和写"高头讲章"，脑筋惯在抽象理论上兜圈子，我对"四人帮"的迫害倒不是"心有余悸"而是"心有余恨"，对文风的丑恶现象经常发点脾气，这确实是缺乏涵养。我不能以一个龙钟老汉冒充青年人来说话，把话说得痛快淋漓，我只好认输，对青年人还有一大段光明前程只有深为羡慕而已。

"高头讲章"的气味我也不太欣赏，所以动笔行文时也力求避免写成教科书。写出来的也决够不上教科书的水平。好在《美学概论》和《文学概论》之类著作现在也日渐多起来了，我何必去滥竽充数呢？我之终于答应写《谈美书简》，一则是要报答来信来访和来约者的盛意，二则是从解放以来我一直在抓紧时间学习马列主义经典著作，对过去自己的言论中错误和不妥处也日渐有所认识，理应趁这段行将就木的余年向读者作个检查或"交代"。

其次，朋友们来信经常问到学美学应该读些什么书。他们深以得不到想读的书为苦，往往要求我替他们买书和供给资料。他们不知道我自己在六十年代以后也一直在闭关自守，坐井观天，对国际学术动态完全脱节，所以对这类来信往往不敢答复。老一点的资料我在《西方美学史》下卷附录里已开过一个"简要书目"，其中大多数在国内还是不易找到的。好在现在书禁已开，新出版的书刊已日渐多起来了，真正想读书的当不再愁没有书读了。人愈老愈感到时间可贵，所以对问到学外语和美学的朋友们，我经常只讲这样几句简短的忠告。不要再打游击战，象猴子掰包谷，随掰随丢，要集中精力打歼灭战，要敢于攻坚。不过歼灭战或攻坚战还是要一仗接着一仗打，不要囫囵吞枣。学美学的人入手要做的第一件大事还是学好马列主义。不要贪多，先把《马克思恩格斯选集》通读一遍，尽量把它懂透，真正懂透是终生的事，但是先要养成要求懂透的习惯。其次，如果还没有掌握一种外语到能自由阅读的程度，就要抓紧补课，因为在今天学任何科学都要先掌握国际最新资料，闭关自守决没有出路。第三，要随时注意国内文艺动态，拿出自己的看法，如果有余力，最好学习一门性之所近的艺术：文学、绘画或音乐，避免将来当空头美学家或不懂文艺的文艺理论家。

第三，我写这十几封信只是以谈心的方式来谈常盘踞在我心里的一些问题，不是写美学课本，所以一般美学课本里必谈的还有很多问题我都没有详谈，例如内容和形式，创作、欣赏与批评，批判和继承，民族性和人民性，艺术家的修养之类问题。对这类问题我没有什么值得说的新见解，我就不必说了。不过我心里也还有几个大家不常说或则认为不必说而我却认为还值得说的问题，因为还没有考虑成熟，也不能在此多谈。

一个问题是我在《西方美学史》上卷"序论"里所提的意识形态属于上层建筑而不等于上层建筑的问题。我认为上层建筑中主要因素是政权机构，其次才是意识形态。这两项不能等同起来，因为政权机构是社会存在，而意识形态只是反映社会存在的社会意识。二者之间不能划等号，有马克思主义创始人的许多话可以为证。我当时提出这个问题，还有一个要把政治和学术区别开来的动机。我把这个动机点明，大家就会认识到这个问题的重要性，这是值得进一步讨论的，而且不是某个人或某部分人所能解决的，还须根据双百方针以民主方式进行深入讨论才行。现在这项讨论已开始展开了。我现在还须倾听较多的意见，到适当的时机再作一次总的答复，并参照提出的意见，进行一次自我检查。如果发现自己错了，我就坚决地改正，如果没有被说服，我就仍然坚持下去，不过这是后话了。

另一个大家不常谈而我认为还必须认真详谈的就是必然和偶然在文学中辩证统一的问题。我是怎样想起这个问题的呢？巴尔扎克在《人间喜剧》的"序言"里说过："机缘是世界上最伟大的小说家，要想达到丰富，只消去研究机缘。""机缘"是我用来试译原文 hasard 一个词，它本有"偶然碰巧"的意思。读到这句话时我觉得很有意思，但其中的道理我当时并没有懂透。后来我读到恩格斯在 1890 年 9 月初给约·布洛赫的信中有这样一段话：

> ……这里表现出这一切因素的交互作用，而在这种交互作用中归根到底是经济运动作为必然因素，通过无穷无尽的偶然事件（即这样一些事物，其中内部联系很疏远或很难确定，使我们把它们忽略掉甚至认为它们并不存在）而向前发

展……①

这就是说，必然要通过偶然而起作用。我就把这种偶然事件和巴尔扎克的"机缘"联系起来。我又联想到马克思关于拿破仑说过类似的话，以及普列汉诺夫在谈个人在历史中的作用时引用过法国帕斯卡尔的一句俏皮话："如果埃及皇后克莉奥佩特拉（Cleopatra）的鼻子生得低一点，世界史也许会改观。"这些关于"偶然"的名言在我脑里就偶然成了一个火种在开始燃烧。等到今夏我看日本影片《生死恋》时，看到女主角夏子因试验爆炸失火而焚身，就把一部本来也许可写成喜剧的戏变成一部令人痛心的悲剧，我脑子里那点火种便迸发成四面飞溅的火花。我联想到美学上许多问题，联想到许多文艺杰作特别是戏剧杰作里都有些"偶然"或"机缘"在起作用，突出的例子在希腊有俄狄浦斯弑父娶母的三部曲，在英国有莎士比亚的《罗密欧与朱丽叶》，在德国有席勒的《威廉·退尔》，在中国有《西厢记》和《牡丹亭》。中国小说向来叫做"志怪"或"传奇"，奇怪也者，偶然机缘也，不期然而然也。试想一想中国过去许多神怪故事，从《封神榜》、《西游记》、《聊斋》、《今古奇观》到近来的复映影片《大闹天宫》，如果没有那么多的偶然机缘，决不会那么引人入胜。它们之所以能引人入胜，就因为能引起惊奇感，而惊奇感正是美感中的一个

---

① 《马克思恩格斯选集》第四卷，第 477 页，译文略有改动。

重要因素。我因此想到正是偶然机缘创造出各民族的原始神话，而神话正是文艺的土壤。恩格斯解释"偶然事件"时说它们有"内部联系"，不过人对这种联系还没有认识清楚，也就是说还处于无知状态。人不能安于无知，于是幻想出这种偶然事件的创造者都是神。古希腊人认为决定悲剧结局的是"命运"，而命运又有"盲目的必然"的称号，意思也就是"未知的必然"。中国也有一句老话："城隍庙里的算盘——不由人算"，这也是把未知的必然（即偶然）归之于天或神。这一方面暴露人的弱点，另一方面也显出人凭幻想去战胜自然的强大生命力。现实和文艺都不是一潭死水，纹风不动，一个必然扣着另一个必然，形成铁板一块，死气沉沉的。古人形容好的文艺作品时经常说"波澜壮阔"，或则说"风行水上，自然成纹"，因此就表现出充沛的生命力和高度的自由，表现出巧妙。"巧"也就是偶然机缘，中国还有一句老话："无巧不成书"，也就是说，没有偶然机缘就创造不出好作品。好作品之中常有所谓"神来之笔"。过去人们迷信"灵感"，以为好作品都要凭神力，其实近代心理学已告诉我们，所谓"灵感"不过是作者在下意识中长久酝酿而突然爆发到意识里，这种突然爆发却有赖于事出有因而人尚不知其因的偶然机缘。法国大音乐家柏辽兹曾替一首诗作乐谱，全诗都谱成了，只剩收尾"可怜的兵士，我终于要再见法兰西"一句，就找不到适合的乐调。搁下两年之后，他在罗马失足落水，爬起来时口里所唱的乐调正是两年前苦心搜寻而没有获得的。他的落水便是一种偶然机缘。杜甫有两句诗总结了他自己的创作经验："读书破万卷，下笔如有神。""神"就是所谓"灵感"，象是"偶然"，其实来自"读书破万卷"的辛勤劳动。这就破除了对灵感的迷信。我国还有一句老话："熟中生巧"，灵感也不过是熟中生巧，还是长期锻炼的结果。"能令百炼钢，化为绕指柔"，才使人感到巧，才产生美感。这种美感从跳水、双杠表演、拳术、自由体操的"绝技"和"花招"中最容易见出。京剧"三岔口"之所以受到欢迎，也在许多应付偶然的花招所引起的惊奇感。

我抱着"偶然机缘"这个问题左思右想，愈想下去就愈觉得它所涉及的范围甚广。前信所谈到的喜剧中"乖讹"便涉及"偶然机缘"，我国最有科学条理的文论家刘勰在《文心雕龙》里特辟"谐隐"一章来讨论说笑话和猜谜语，也足见他重视一般人所鄙视的文字游戏。文字游戏不应鄙视，因为它受到广大人民的热烈欢迎，它是一般民歌的基本要素，也是文人诗词的一个重要组成部分。民歌最富于"谐趣"（就是所谓"幽默感"）。真正的"谐"大半是"不虐之谑"，谐的对象总有某种令人鄙视而不至遭人痛恨的丑陋和乖讹。例如一首流行的民歌：

　　　　一个和尚挑水喝，两个和尚抬水喝，三个和尚没水喝。

出乎情理之常的是"三个和尚没水喝",非必然而竟然,所以成为笑柄,也多少是一个警告。"隐"就是"谜",往往和"谐"联系在一起,例如四川人嘲笑麻子:

　　啥?豆巴,满面花,雨打浮沙,蜜蜂错认家,荔枝核桃苦瓜,满天星斗打落花。

这就是谐、隐和文字游戏的结合,讥刺容貌丑陋为谐,以谜语出之为隐,取七层宝塔的形式,一层高一层,见出巧妙的配搭为文字游戏。谐最忌直率,直率不但失去谐趣,而且容易触讳招尤,所以出之以"隐",饰之以文字游戏。就可以冲淡讥刺的一点恶意,而且嵌合巧妙,令人惊喜,产生谐所特有的一种快感。这种快感就是美感。可笑的事物好比现实世界的一池死水偶然皱起微波,打破了沉闷,但它毕竟有些丑陋乖讹,也不免引起轻微的惋惜的不快感,从此也可见美感的复杂性,不易纳到一个公式概念里去。

谐是雅俗共赏的,所以它最富于社会性。托尔斯泰在《艺术论》里特别强调文艺的传染情感的功用,而所传染的情感之中他也指出笑谑,认为它也能密切人与人的关系。刘勰解释谐时说:"谐之为言皆也,词浅会俗,皆悦笑也",这也足说明谐的社会功用。要印证这个道理,最好多听相声。相声是谐的典型,也是雅俗共赏的一种曲艺。因此,在粉碎"四人帮"之后我国文艺重新繁荣的景象首先见之于相声，继侯宝林和郭全宝之后出现了一大批卓越的相声演员。连象我这个专搞理论，一本正经的老学究对一般带理论气味的一本正经的话剧和电影剧并不太爱看，但每遇到相声专场，我只要抽出闲空就必看，看了总感到精神上舒畅了一下，思想也多少得到了解放，也就是说，从一些偶然机缘中认识到一些人情世态乃至一些关于美和美感的道理。

我从这种文字游戏想到文艺与游戏的关系。过去我是席勒、斯宾塞尔和谷鲁斯的信徒，认为文艺起源于游戏说是天经地义。从解放后学习马克思主义以来，我就深信文艺起源于劳动，放弃了文艺起源于游戏的说法。近来我重新研究谐隐与文字游戏，旧思想又有些"回潮"，觉得游戏说还不可一笔抹煞。想来想去，我认为把文艺看作一种生产劳动是马克思主义者所必坚持的不可逆转的定论，但在文艺这种生产劳动中游戏也确实是一个极其重要的因素。理由之一就是，马克思和恩格斯都指出的必然要透过偶然而起作用，而偶然机缘在文艺中突出地表现于游戏，特别是在于所谓"戏剧性的暗讽"。理由之二是劳动与游戏的对立是资本主义社会中劳动异化的结果，到了消除了劳动异化，进入了共产主义时代，一切人的本质活动都会变成自由的、无拘无碍的，劳动与游戏的对立就不复存在。

我对这个问题还没有考虑成熟，不过我感觉到与游戏密切相关的偶然机缘在文艺中的作用这个问题还大有文章可做，而且也很有现实意义。我准备继续研究下去，并且希望爱好文艺和美学的朋友们都来研究一下这个问题，各抒己见，引起讨论，或可以解放一下思想。

我很喜爱漫画师丰子恺老友的两句诗："常喜小中能见大，还须弦外有余音。"现在就留下偶然机缘这个问题请诸位研究，就算是我的弦外余音，留有余不尽之意吧。再见，祝诸位奋勇前进！

Ger Qing Nian De Shi Er Feng Xin

给青年的十二封信

"Where my heart lies, let my brain lie also."

—— R. Browning : "*One Word More*."

序

　　这十二封信是朱孟实先生从海外寄来分期在我们同人杂志《一般》上登载过的。《一般》的目的，原思以一般人为对象，从实际生活出发了来介绍些学术思想。数年以来，同人都曾依了这目标分头努力。可是如今看来，最好的收获第一要算这十二封信。

　　这十二封信以有中学程度的青年为对象。并未曾指定某一受信人的姓名，只要是中学程度的青年，就谁都是受信人，谁都应该一读这十二封信。这十二封信，实是作者远从海外送给国内青年的很好的礼物。作者曾在国内担任中等教师有年，他那笃热的情感，温文的态度，丰富的学殖，无一不使和他接近的青年感服。他的赴欧洲，目的也就在谋中等教育的改进。作者实是一个终身愿与青年为友的志士。信中首称"朋友"，末署"你的朋友光潜"，在深知作者的性行的我看来，这称呼是笼有真实的情感的，决不只是通常的习用套语。

各信以青年们所正在关心或应该关心的事项为话题，作者虽随了各话题抒述其意见，统观全体，却似乎也有个一贯的出发点可寻。就是劝青年眼光要深沉，要从根本上做功夫，要顾到自己，勿随了世俗图近利。作者用了这态度谈读书，谈作文，谈社会运动，谈恋爱，谈升学选科等等。无论在哪一封信上，字里行间，都可看出这忠告来。就中如在《谈在露浮尔宫所得的一个感想》一信里，作者且郑重地自把这态度特别标出了说："假如我的十二封信对于现代青年能发生毫末的影响，我尤其虔心默祝这封信所宣传的超'效率'的估定价值的标准能印入个个读者的心孔里去；因为我所知道的学生们、学者们和革命家们都太贪容易，太浮浅粗疏，太不能深入，太不能耐苦，太类似美国旅行家看《孟洛里莎》了。"

"超效率！"这话在急于近利的世人看来，也许要惊为太高蹈的论调了。但一味亟于效率，结果就会流于浅薄粗疏，无可救药。中国人在全世界是被推为最重实用的民族的，凡事向都怀一个极近视的目标：娶妻是为了生子，养儿是为了防老，行善是为了福报，读书是为了做官，不称入基督教的为基督教信者而称为"吃基督教"的，不称投身国事的军士为军人而称为"吃粮"的，流弊所至，在中国，甚么都只是吃饭的工具，甚么都实用，因之，就甚么都浅薄。试就学校教育的现状看罢：坏的呢，教师目的但在地位、薪水，学生目的但在文凭、资格；较好的呢，教师想把学生嵌入某种预定的铸型去，学生想怎样揣摩世尚毕业后去问世谋事。在真正的教育面前，总之都免不掉浅薄粗疏。效率原是要顾的，但只顾效率，究竟是蠢事。青年为国家社会的生力军，如果不从根本上培养能力，凡事近视，贪浮浅的近利，一味袭蹈时下陋习，结果纵不至于"一蟹不如一蟹"，亦止是一蟹仍如一蟹而已。国家社会还有甚么希望可说。

"太贪容易，太浮浅粗疏，太不能深入，太不能耐苦"，作者对于现代青年的毛病，曾这样慨乎言之。征之现状，不禁同感。作者去国已好几年了，依据消息，尚能分明地记得起青年的病象，则青年的受病之重，也就可知。

这十二封信啊，愿对于现在的青年，有些力量！

夏丏尊

十八年元旦书于白马湖平屋

一 谈读书

朋友：

中学课程很多，你自然没有许多时间去读课外书。但是你试抚心自问：你每天真抽不出一点钟或半点钟的功夫么？如果你每天能抽出半点钟，你每天至少可以读三四页，每月可以读一百页，到了一年也就可以读四五本书了。何况你在假期中每天断不会只能读三四页呢！你能否在课外读书，不是你有没有时间的问题，是你有没有决心的问题。

世间有许多人比你忙得多。许多人的学问都在忙中做成的。美国有一位文学家、科学家和革命家弗兰克林，幼时在印刷局里做小工，他的书都是在做工时抽暇读的。不必远说，你应该还记得孙中山先生，难道你比那一位奔走革命席不暇暖的老人家还要忙些么？他生平无论忙到什么地步，没有一天不偷暇读几页书。你只要看他的《建国方略》和《孙文学说》，你便知道他不仅是一个政治家，而且还是一个学者。不读书讲革命，不知道"光"的所在，只是窜头乱撞，终难成功。这个道理，孙先生懂得最清楚的，所以他的学说特别重"知"。

人类学问逐天进步不止，你不努力跟着跑，便落伍退后，这固不消说。尤其要紧的是养成读书的习惯，是在学问中寻出一种兴趣。你如果没有一种正常嗜好，没有一种在闲暇时可以寄托你的心神的东西，将来离开学校去做事，说不定要被恶习惯引诱。你不看见现在许多叉麻雀、抽鸦片的官僚们、绅商们乃至于教员们，不大半由学生出身么？你慢些鄙视他们，临到你来，再看看你的成就罢！但是你如果在读书中寻出一种趣味，你将来抵抗引诱的能力比别人定要大些。这种兴趣你现在不能寻出，将来永不会寻出的。凡人都越老越麻木，你现在已比不上三五岁的小孩子们那样好奇、那样兴味淋漓了。你长大一岁，你感觉兴味的锐敏力便须迟钝一分。达尔文在自传里曾经说过，他幼时颇好文学和音乐，壮时因为研究生物学，把文学和音乐都丢开了，到老来他再想拿诗歌来消遣，便寻不出趣味来了。兴味要在青年时设法培养，过了正常时节，便会萎谢。比方打网球，你在中学时欢喜打，你到老都欢喜打。假如你在中学时代错过机会，后来要发愿去学，比登天还要难十倍。养成读书习惯也是这样。

你也许说，你在学校里终日念讲义看课本不就是读书吗？讲义课本着意在平均发展基本知识，固亦不可不读。但是你如果以为念讲义看课本，便尽读书之能事，就是大错特错。第一，学校功课门类虽多，而范围究极窄狭。你的天才也许与学校所有功课都不相近，自己去在课外研究，发见自己性之所近的学问。再比方你对于某种功课不感兴趣，这也许并非由于性不相近，只是规定课本不合你的口胃。你如果能自己在课外发见好书籍，你对于那种功课也许就因而浓厚起来了。第二，念讲义看课本，免不掉若干拘束，想藉此培养兴趣，颇是难事。比方有一本小说，平时自由拿来消遣，觉得多么有趣，一旦把它拿来当课本读，用预备考试的方法去读，便不免索然寡味了。兴趣要逍遥自在地不受拘束地发展，所以为培养读书兴趣起见，应该从读课外书入手。

书是读不尽的，就读尽也是无用，许多书都没有一读的价值。你多读一本没有价值的书，便丧失可读一本有价值的书的时间和精力。所以你须慎加选择。你自己自然不会选择，须去就教于批评家和专门学者。我不能告诉你必读的书，我能告诉你不必读的书。许多人尝抱定宗旨不读现代出版的新书。因为许多流行的新书只是迎合一时社会心理，实在毫无价值，经过时代淘汰而巍然独存的书才有永久性，才值得读一遍两遍以至于无数遍。我不敢劝你完全不读新书，我却希望你特别注意这一点，因为现代青年颇有非新书不读的风气。别事都可以学时髦，惟有读书做学问不能学时髦。我所指不必读的书，不是新书，是谈书的书，是值不得读第二遍的书。走进一个图书馆，你尽管看见千卷万卷的纸本子，其中真正能够称为"书"的恐怕还难上十卷百卷。你应该读的只是这十卷百卷的书。在这些书中间，你不但可以得较真确的知识，而且可以于无形中吸收大学者治学的精神和方法。这些书才能撼动你的心灵，激动你的思考。其他像"文学大纲"、"科学大纲"以及杂志报章上的书评，实在都不能供你受用。你与其读千卷万卷的诗集，不如读一部《国风》或《古诗十九首》，你与其读千卷万卷谈希腊哲学的书籍，不如读一部柏拉图的《理想国》。

你也许要问我像我们中学生究竟应该读些什么书呢？这个问题可是不易回答。你大约还记得北京《京报副刊》曾征求"青年必读书十种"，结果有些人所举的十种尽是几何代数，有些人所举的十种尽是《史记》、《汉书》。这在旁人看起来似近于滑稽，而应征的人却各抱有一番大道理。本来这种征求的本意，求以一个人的标准做一切人的标准，好像我只欢喜吃面，你就不能吃米，完全是一种错误见解。各人的天资、兴趣、环境、职业不同，你怎么能定出万应灵丹似的十种书，供天下无量数青年读之都能感觉同样趣味、发生同样效力？

我为了写这封信给你，特地去调查了几个英国公共图书馆。他们的青年读品部最流行的书可以分为四类：（一）冒险小说和游记，（二）神话和寓言，（三）生物故事，（四）名人传记和爱国小说。就中代表的书籍是幽尔汛的《八十日环游世界记》

（Jules Verne：Around the World in Eighty Days）和《海底二万浬》（Twenty Thousand Leagues Under the Sea），德孚的《鲁滨孙漂流记》（Defoe：Robinson Crusoe），仲马的《三剑侠》（A．Dumas：Three Musketeers），霍爽的《奇书》和《丹谷闲话》（Hawthorne：Wonder Book and Tanglewood Tales），金斯莱的《希腊英雄传》（Kingsley：Heroes），法布尔的《鸟兽故事》（Fabre：Story Book of Birds and Beasts），安徒生的《童话》（Andersen：Fairy Tales），骚德的《纳尔逊传》（Southey：Life of Nelson），房龙的《人类故事》（Van Loon：The Story of Mankind）之类。这些书在国外虽流行，给中国青年读，却不十分相宜。中国学生们大半是少年老成，在中学时代就欢喜像煞有介事的谈一点学理。他们——你和我自然都在内——不仅欢喜谈谈文学，还要研究社会问题，甚至于哲学问题。这既是一种自然倾向，也就不能漠视，我个人的见解也不妨提起和你商量商量。十五六岁以后的教育宜注重发达理解，十五六岁以前的教育宜注重发达想像。所以初中的学生们宜多读想像的文字，高中的学生才应该读含有学理的文字。

谈到这里，我还没有答复应读何书的问题。老实说，我没有能力答复，我自己便没曾读过几本"青年必读书"，老早就读些壮年必读书。比方在中国书里，我最欢喜《国风》、《庄子》、《楚辞》、《史记》、《古诗源》、《文选》中的书笺、《世说新语》、《陶渊明集》、《李太白集》、《花间集》、张惠言《词选》、《红楼梦》等等。

在外国书里，我最欢喜溪兹（Keats）、雪莱（Shelley）、考老芮基（Coleridge）、白朗宁（Browning）诸人的诗集、苏菲克里司（Sophocles）的七悲剧、莎士比亚的《哈孟列德》（Shakespeare：Hamlet）、《李耳王》（King Lear）和《奥塞罗》（Othello）、哥德的《浮士德》（Goethe：Faust）、易卜生（Ibsen）的戏剧集、屠格涅夫（Turgenef）的《新土地》（Virgin Soil）和《父与子》（Fathers and Children）、杜斯退益夫斯基的《罪与罚》（Dostoyevsky：Crime and Punishment）、福洛伯的《布华里夫人》（Flaubert：Madame Bovary）、莫泊桑（Mauppassant）的小说集、小泉八云（Lafcadio Hearn）关于日本的著作等等。如果我应北京《京报副刊》的征求，也许把这些古董洋货捧上，凑成"青年必读书十种"。但是我知道这是荒谬绝伦。所以我现在不敢答复你应读何书的问题。你如果要知道，你应该去请教你所知的专门学者，请他们各就自己所学范围以内指定三两种青年可读的书。你如果请一个人替你面面俱到的设想，比方他是学文学的人，他也许明知青年必读书应含有社会问题、科学常识等等，而自己又没甚把握，姑且就他所知的一两种拉来凑数，你就像问道于盲了。同时，你要知道读书好比探险，也不能全靠别人指导，你自己也须得费些功夫去搜求。我从来没有听见有人按照别人替他定的"青年必读书十种"或"世界名著百种"读下去，便成就一个学者。别人只能介绍，抉择还要靠你自己。

关于读书方法。我不能多说，只有两点须在此约略提起。第一，凡值得读的书至少须读两遍。第一遍须快读，着眼在醒豁全篇大旨与特色。第二遍须慢读，须以批评态度衡量书的内容。第二，读过一本书，须笔记纲要精采和你自己的意见。记笔记不特可以帮助你记忆，而且可以逼得你仔细，刺激你思考。记着这两点，其他琐细方法便用不着说。各人天资习惯不同，你用哪种方法收效较大，我用哪种方法收效较大，不是一概论的。你自己终久会找出你自己的方法，别人决不能给你一个方单，使你可以"依法泡制"。

你嫌这封信太冗长了罢？下次谈别的问题，我当力求简短。再会！

　　　　　　　　　　　　　　　你的朋友，光潜。

二　谈　动

朋友：

　　从屡次来信看，你的心境近来似乎很不宁静。烦恼究竟是一种暮气，是一种病态，你还是一个十八九岁的青年，就这样颓唐沮丧，我实在替你担忧。

　　一般人欢喜谈玄，你说烦恼，他便从"哲学辞典"里拖出"厌世主义"、"悲观哲学"等等堂哉皇哉的字样来叙你的病由。我不知道你感觉如何？我自己从前仿佛也尝过烦恼的况味，我只觉得忧来无方，不但人莫之知，连我自己也莫名其妙，哪里有所谓哲学与人生观！我也些微领过哲学家的教训：在心气和平时，我景仰希腊廊下派哲学者，相信人生当皈依自然，不当存有嗔喜贪恋；我景仰托尔斯泰，相信人生之美在宥与爱；我景仰白朗宁，相信世间有丑才能有美，不完全乃真完全；然而外感偶来，心波立涌，拿天大的哲学，也抵挡不住。这固然是由于缺乏修养，但是青年们有几个修养到"不动心"的地步呢？从前长辈们往往拿"应该不应该"的大道理向我说法。他们说，像我这样一个青年应该活泼泼的，不应该暮气沉沉的，应该努力做学问，不应该把自己的忧乐放在心头。谢谢罢，请留着这副"应该"的方剂，将来患烦恼的人还多呢！

朋友，我们都不过是自然的奴隶，要征服自然，只得服从自然。违反自然，烦恼才乘虚而入，要排解烦闷，也须得使你的自然冲动有机会发泄。人生来好动，好发展，好创造。能动，能发展，能创造，便是顺从自然，便能享受快乐；不动，不发展，不创造，便是摧残生机，便不免感觉烦恼。这种事实在流行语中就可以见出，我们感觉快乐时说"舒畅"，不感觉快乐时说"抑郁"。这两个字样可以用作形容词，也可以用作动词。用作形容词时，它们描写快或不快的状态；用作动词时，我们可以说它们说明快或不快的原因。你感觉烦恼，因为你的生机被抑郁；你要想快乐，须得使你的生机能舒畅，能宣泄。流行语中又有"闲愁"的字样，闲人大半易于发愁，就因为闲时生机静止而不舒畅。青年人比老年人易于发愁些，因为青年人的生机比较强旺。小孩子们的生机也很强旺，然而不知道愁苦，因为他们时时刻刻的游戏，所以他们的生机不至于被抑郁。小孩子们偶尔不很乐意，便放声大哭，哭过了气就消去。成人们感觉烦恼时也还要拘礼节，哪能由你放声大哭呢？吃黄连苦在心头，所以愈觉其苦。哥德少时因失恋而想自杀,幸而他的文机动了,埋头两礼拜著成一部《维特之烦恼》,书成了，他的气也泄了，自杀的念头也打消了。你发愁时并不一定要著书，你就读几篇哀歌，听一幕悲剧，借酒浇愁，也可以大畅胸怀。从前我很疑惑何以剧情愈悲而读之愈觉其快意，近来才悟得这个泄与郁的道理。

　　总之，愁生于郁，解愁的方法在泄；郁由于静止，求泄的方法在动。从前儒家讲心性的话，从近代心理学眼光看，都很粗疏，只有孟子的"尽性"一个主张，含义非常深广。一切道德学说都不免肤浅，如果不从"尽性"的基点出发。如果把"尽性"两字懂得透澈，我以为生活目的在此，生活方法也就在此。人性固然是复杂的，可是人是动物，基本性不外乎动。从动的中间我们可以寻出无限快慰。这个道理我可以拿两件小事来印证：从前我住在家里，自己的书房总欢喜自己打扫。每看到书籍零乱，灰尘满地，你亲自去洒扫一过，霎时间混浊的世界变成明窗净几，此时悠然就坐，游目骋怀，乃觉有不可言喻的快慰；再比方你自己是欢喜打网球的，当你起劲打球时，你还记得天地间有所谓烦恼么？

　　你大约记得晋人陶士行的故事。他老来罢官闲居，找不得事做，便去搬砖。晨间把一百块砖由斋里搬到斋外，暮间把一百块砖由斋外搬到斋里。人问其故，他说："吾方致力中原，过尔优逸，恐不堪事。"他又尝对人说："大禹圣人，乃惜寸阴，至于众人，当惜分阴。"其实惜阴何必定要搬砖，不过他老先生还很茁壮，借这个玩艺儿多活动活动，免得抑郁无聊罢了。

朋友，闲愁最苦！愁来愁去，人生还是那么样一个人生，世界也还是那么样一个世界。假如把自己看得伟大，你对于烦恼，当有"不屑"的看待；假如把自已看得渺小，你对于烦恼当有"不值得"的看待；我劝你多打网球，多弹钢琴，多栽花，多搬砖弄瓦。假如你不欢喜这些玩艺儿，你就谈谈笑笑，跑跑跳跳，也是好的。就在此祝你

谈谈笑笑，

跑跑跳跳！

你的朋友，光潜。

三　谈　静

朋友：

　　前信谈动，只说出一面真理。人生乐趣一半得之于活动，也还有一半得之于感受。所谓"感受"是被动的，是容许自然界事物感动我的感官和心灵。这两个字涵义极广。眼见颜色，耳闻声音，是感受；见颜色而知其美，闻声音而知其和，也是感受。同一美颜，同一和声，而各个人所见到的美与和的程度又随天资境遇而不同。比方路边有一棵苍松，你看见它只觉得可以砍来造船；我见到它可以让人纳凉，旁人也许说它很宜于入画，或者说它是高风亮节的象征。再比方街上有一个乞丐，我只能见到他的蓬头垢面，觉得他很讨厌；你见他便发慈悲心，给他一个铜子；旁人见到他也许立刻发下宏愿，要打翻社会制度。这几个人反应不同，都由于感受力有强有弱。

　　世间天才之所以为天才，固然由于具有伟大的创造力，而他的感受力也分外比一般人强烈。比方诗人和美术家，你见不到的东西他能见到，你闻不到的东西他能闻到。麻木不仁的人就不然，你就请伯牙向他弹琴，他也只联想到棉匠弹棉花。感受也可以说是"领略"，不过领略只是感受的一方面。世界上最快活的人不仅是最活动的人，也是最能领略的人。所谓领略，就是能在生活中寻出趣味。好比喝茶，渴汉只管满口吞咽，会喝茶的人却一口一口的细啜，能领略其中风味。

能处处领略到趣味的人决不至于岑寂，也决不至于烦闷。朱子有一首诗说："半亩方塘一鉴开，天光云影共徘徊。问渠那得清如许？为有源头活水来。"这是一种绝美的境界。你姑且闭目一思索，把这幅图画印在脑里，然后假想这半亩方塘便是你自己的心，你看这首诗比拟人生苦乐多么惬当！一般人的生活干燥，只是因为他们的"半亩方塘"中没有天光云影，没有源头活水来，这源头活水便是领略得的趣味。

领略趣味的能力固然一半由于天资，一半也由于修养。大约静中比较容易见出趣味。物理上有一条定律说：两物不能同时并存于同一空间。这个定律在心理方面也可以说得通。一般人不能感受趣味，大半因为心地太忙，不空所以不灵。我所谓"静"，便是指心界的空灵，不是指物界的沉寂，物界永远不沉寂的。你的心境愈空灵，你愈不觉得物界沉寂，或者我还可以进一步说，你的心界愈空灵，你也愈不觉得物界喧嘈。所以习静并不必定要逃空谷，也不必定学佛家静坐参禅。静与闲也不同。许多闲人不必都能领略静中趣味，而能领略静中趣味的人，也不必定要闲。在百忙中，在尘市喧嚷中，你偶然间丢开一切，悠然遐想，你心中便蓦然似有一道灵光闪烁，无穷妙悟便源源而来。这就是忙中静趣。

我这番话都是替两句人人知道的诗下注脚。这两句诗就是："万物静观皆自得，四时佳兴与人同。"大约诗人的领略力比一般人都要大。近来看周作人的《雨天的书》引日本人小林一茶的一首俳句：

不要打哪，苍蝇搓他的手，搓他的脚呢。

觉得这种情境真是幽美。你懂得这一句诗就懂得我所谓静趣。中国诗人到这种境界的也很多。现在姑且就一时所想到的写几句给你看：

鱼戏莲叶东，鱼戏莲叶西，鱼戏莲叶南，鱼戏莲叶北。

——古诗，作者姓名佚。

山涤余霭，宇暧微霄。有风自南，翼彼新苗。

——陶渊明《时运》

采菊东篱下，悠然见南山。山气日夕佳，飞鸟相与还。

——陶渊明《饮酒》

目送飘鸿，手挥五弦。俯仰自得，游心太玄。

——嵇叔夜《送秀才从军》

倚杖柴门外，临风听暮蝉。渡头余落日，墟里上孤烟。

——王摩诘《赠裴迪》

像这一类描写静趣的诗，唐人五言绝句中最多。你只要仔细玩味，你便可以见到这个宇宙又有一种景象，为你平时所未见到的。梁任公的《饮冰室文集》里有一篇谈"烟士披里纯"，詹姆士的《与教员学生谈话》(James：Talks To Teachers and Students) 里面有三篇谈人生观，关于静趣都说得很透辟。可惜此时这两部书都不在手边，不能录几段出来给你看。你最好自己到图书馆里去查阅。詹姆士的《与教员学生谈话》那三篇文章（最后三篇）尤其值得一读，记得我从前读这三篇文章，很受他感动。

静的修养不仅是可以使你领略趣味，对于求学处事都有极大帮助。释迦牟尼在菩提树阴静坐而证道的故事，你是知道的。古今许多伟大人物常能在仓皇扰乱中雍容应付事变，丝毫不觉张皇，就因为能镇静。现代生活忙碌，而青年人又多浮躁。你站在这潮流里，自然也难免跟着旁人乱嚷。不过忙里偶然偷闲，闹中偶然习静，于身于心，都有极大裨益。你多在静中领略些趣味，不特你自己受用，就是你的朋友们看着你也快慰些。我生平不怕呆人，也不怕聪明过度的人，只是对着没有趣味的人，要勉强同他说应酬话，真是觉得苦也。你对着有趣味的人，你并不必多谈话，只是默然相对，心领神会，便可觉得朋友中间的无上至乐。你有时大概也发生同样感想罢？

眠食诸希珍重！

你的朋友，光潜。

四　谈中学生与社会运动

朋友：

　　第一信曾谈到，孙中山先生知难行易的学说和不读书而空谈革命的危险。这个问题有特别提出讨论的必要，所以再拿它来和你商量商量。

　　你还记得叶楚伧先生的演讲罢？他说，如今中国在学者只言学，在工者只言工，在什么者只言什么，结果弄得没有一个在国言国的人，而国事之糟，遂无人过问。叶先生在这里只主张在学者应言国，却未明言在国亦必言学。恽代英先生更进一步说，中国从孔孟二先生以后，读过二千几百年的书，讲过二千几百年的道德，仍然无补国事，所以读书讲道德无用，一切青年都应该加入战线去革命。这是一派的主张。

　　同时你也许见过前几年的上海大同大学的章程，里面有一条大书特书："本校主张以读书救国，凡好参加爱国运动者不必来！"这并不是大同大学的特有论调，凡遇学潮发生，你走到一个店铺里，或是坐在一个校务会议席上，你定会发见大家所窃窃私语，引为深忧的都不外"学生不读书，而好闹事"一类的话。因为这是可以深忧的，教育部所以三令五申，"整顿学风！"这又是一派的主张。

叶、恽诸先生们是替国民党宣传的。你知道我无党籍，而却深信中国想达民治必经党治。所以我如果批评叶、恽二先生，非别有用意，乃责备贤者，他们在青年中物望所系，出言不慎，便不免贻害无穷。比方叶先生的话就有许多语病。国家是人民组合体，在学者能言学，在工者能言工，在什么者便能言什么，合而言之，就是在国言国。如今中国弊端就在在学者不言学，在工者不言工，大家都抛弃分内事而空谈爱国。结果学废工弛，而国也就不能救好，这是显然的事实。恽先生从中国历史证明读书无用，也颇令人怀疑。法国革命单是但通、罗伯斯庇亚的功劳，而卢梭、佛尔特没有影响吗？近代经济革命单是列宁的功劳而著《资本论》的马克斯没有影响吗？思想革命成功，制度革命才能实现。辛亥革命还未成功，不是制度革命未成功，是思想革命未成功，这是大家应该承认的。

中国人蜂子孵蛆的心理太重，只管煽动人"类我类我！"比方我欢喜谈国事，就藐视你读书；你欢喜读书，就藐视我谈国事。其实单面锣鼓打不成闹台戏。要撑起中国场面，也要生旦净丑角俱全。我们对于鼓吹青年都抛开书本去谈革命的人，固不敢赞同，而对于悬参与爱国运动为厉禁的学校也觉得未免矫枉过正。学校与社会绝缘，教育与生活绝缘，在学理上就说不通。若谈事实，则这一代的青年、来一代的领袖，此时如果毫无准备，想将来理乱不问的书生一旦会变成措置咸宜的社会改造者，也是痴人妄想。固然，在秩序安宁的国家里，所谓"天下有道，则庶人不议"，用不着学生去干预政治。可是在目前中国，又另有说法。民众未醒觉，舆论未成立，教育界中人本良心主张去监督政府，也并不算越职。总而言之，救国读书都不可偏废。蔡孑民先生说："读书不忘救国，救国不忘读书。"这两句话是青年人最稳妥的座右铭。

所谓救国，并非空口谈革命所可了事。我们跟着社会运动家喊"打倒军阀"、"打倒帝国主义"，力已竭，声已嘶了。而军阀淫威既未稍减，帝国主义的势力也还在扩张。朋友，空口呐喊大概有些靠不住罢？北方人奚落南方人，往往说南方人打架，双方都站在自家门里摩拳擦掌对骂，你说："你来，我要打杀你这个杂种！"我说："我要送你这条狗命见阎王。"结果半拳不挥，一哄而散。住在租界谈革命的人不也是这样空摆威风么？

"五四"以来，种种运动只在外交方面稍生微力。但是你如果把这点微力看得了不得的重要，那你就未免自欺。"夫人必自侮，而后人侮之。""自侮"的成分一日不减绝，你一日不能怪人家侮你。你应该回头看看你自己是什么样的一个人，看看政府是什么样的一个政府，看看人民是什么样的一个人民。向外人争"脸"固然要紧；可是你切莫要因此忘记你自己的家丑！

家丑如何洗得清？我从前想，要改造中国，应由下而上，由地方而中央，由人民而政府，由部分而全体，近来觉得这种见解不甚精当，国家是一种有机体，全体与部分都息息相关，所以整顿中国，由中央而地方的改革，和由地方而中央的改革须得同时并进。不过从前一般社会运动家大半太重视国家大政，太轻视乡村细务了。我们此后应该排起队伍，"向民间去"。

我记得在香港听孙中山先生谈他当初何以想起革命的故事。他少年时在香港学医，欢喜在外面散步，他觉得香港街道既那样整洁，他香山县的街道就不应该那样污秽。他回到香山县，就亲自去做清道夫，后来居然把他门前的街道打扫干净了。他因而想到一切社会上的污浊，都应该，都可以如此清理。这才是真正革命家！别人不管，我自己只能做小事。别人鼓吹普及教育，我只提起粉笔诚诚恳恳的当一个中小学教员；别人提倡国货，我只能穿起土布衣到乡下去办一个小工厂；别人喊打倒军阀，我只能苦劝我的表兄不当兵；别人发电报攻击贿选，吾侪小人，发电报也没有人理会，我只能集合同志出死力和地方绅士奋斗，不叫买票卖票的事在我自己乡里发生。大事小事都要人去做。我不敢说别人做的不如我做的重要。但是别人如果定要拉我丢开这些末节去谈革命，我只能敬谢不敏（屠格涅夫的《父与子》里那位少年虚无党临死时所说的话，最使我感动，可惜书不在身旁，不能抄译给你看，你自己寻去罢）。

总而言之，到民间去！要到民间去，先要把学生架子丢开。我记得初进中学时，有一天穿着短衣出去散步，路上遇见一个老班同学，他立刻就竖起老班的喉嗓子问我："你的长衫到那里去了？"教育尊严，那有学生出门而不穿长衫子？街上人看见学生不穿长衣，还成什么体统？我那时就逐渐学得些学生的尊严了。有时提起篮子去买菜，也不免羞羞涩涩的，此事虽小，可以喻大。现在一般青年的心理大半都还没根本改变。学生自成一种特殊阶级，把社会看成待我改造的阶级。这种学者的架子早已御人于千里之外，还谈什么社会运动？你尽管说运动，社会却不敢高攀，受你的运动。这不是近几年的情形么？

老实说，社会已经把你我们看成眼中钉了。这并非完全是社会的过处。现在一般学生，有几个人配谈革命？吞剥捐款、聚赌宿娼的是否没曾充过代表、赴过大会？勾结绅士政客以捣乱学校的是否没曾谈过教育尊严？向日本政府立誓感恩以分润庚子赔款的，是否没曾喊过打倒帝国主义？其实，社会还算是客气，他们如要是提笔写学生罪状，怕没有材料吗？你也许说，任何团体都有少数败类，不能让全体替少数人负过。但是青年人都有过于自尊的幻觉，在你谈爱国谈革命以前，你总应该默诵几声"君子求诸己！"

话又说长了，再见罢！

你的朋友，光潜。

五　谈十字街头

朋友：

岁暮天寒，得暇便围炉嘘烟遐想。今日偶然想到日本厨川白村的《出了象牙之塔》和《走向十字街头》两部书，觉得命名大可玩味。玩味之余，不觉发生一种反感。

所谓《走向十字街头》有两种解释。从前学士大夫好以清高名贵相尚，所以力求与世绝缘，冥心孤往。但是闭户读书的成就总难免空疏虚伪。近代哲学与文艺都逐渐趋向唯实，于是大家都极力提倡与现实生活接触。世传苏格腊底把哲学从天上搬到地下，这是"走向十字街头"的一种意义。

学术思想是天下公物，须得流布人间，以求雅俗共赏。威廉·莫理司和托尔斯泰所主张的艺术民众化，叔琴先生在《一般》诞生号中所主张的特殊的一般化，爱笛生所谓把哲学从课室图书馆搬到茶寮客座，这是"走向十字街头"的另一意义。

这两种意义都含有极大的真理。可是在这"德谟克拉西"呼声极高的时代，大家总不免忘记关于十字街头的另一面真理。

十字街头的空气中究竟含有许多腐败剂，学术思想出了象牙之塔到了十字街头以后，一般化的结果常不免流为俗化（vulgarized）。昨日的殉道者，今日或成为市场偶像，而真纯面目便不免因之污损了。到市场而不成为偶像，成偶像而不至于破落，都是很难的事。老学经过流俗化以后，其结果乃为白云观以静坐骗铜子的道士。易学经过流俗化以后，其结果乃为街头摆摊卖卜的江湖客。佛学经过流俗化以后，其结果乃为祈财求子的三姑六婆和秃头肥脑的蠢和尚。这都是世人所共见周知的。不必远说，且看西方科学、哲学和文学落到时下一般打学者冒牌的人手里，弄得成何体统！

寂居文艺之宫，固然会像不流通的清水，终久要变成污浊恶臭的。可是十字街头的叫嚣，十字街头的尘粪，十字街头的挤眉弄眼，都处处引诱你汩没自我。臣门如市，臣心就决不能如水。名利、声势、虚伪、刻薄、肤浅、欺侮等等字样，听起来多么刺耳朵，实际上谁能摆脱得净尽？所以站在十字街头的人们——尤其是你我们青年——要时时戒备十字街头的危险，要时时回首瞻顾象牙之塔。

十字街头上握有最大威权的是习俗。习俗有两种，一为传说（tradition），一为时尚（fashion）。儒家的礼教，五芳斋的馄饨，是传说；新文化运动，四马路的新装，是时尚。传说尊旧，时尚趋新，新旧虽不同，而盲从附和，不假思索，则根本无二致。社会是专制的，是压迫的，是不容自我伸张的。比方九十九个人守贞节，你一个人偏要不贞，你固然是伤风败俗，大逆不道；可是如果九十九个人都是娼妓，你一个人偏要守贞节，你也会成为社会公敌，被人唾弃的。因此，苏格腊底所以饮鸩，格里利阿所以被教会加罪，罗曼罗兰、克罗齐、罗素所以在欧战期中被人谩骂。

本来风化习俗这件东西，孽虽造得不少，而为维持社会安宁计，却亦不能尽废。人与人相接触，问题就会发生。如果世界只有我，法律固为虚文，而道德也便无意义。人类须有法律道德维持，固足证其顽劣；然而人类既顽劣，道德法律也就不能勾消。所以老庄上德不德、绝圣弃知的主张，理想虽高，而究不适于顽劣的人类社会。

习俗对于维持社会安宁，自有相当价值，我们是不能否认的。可是以维持安宁为社会唯一目的，则未免大错特错。习俗是守旧的，而社会则须时时翻新，才能增长滋大，所以习俗有时时打破的必要。人是一种贱动物，只好模仿因袭，不乐改革创造。所以维持固有的风化，用不着你费力。你让它去，世间自有一般庸人懒人去担心。可是要打破一种习俗，却不是一件易事。物理学上仿佛有一条定律说，凡物既静，不加力不动。而所加的力必比静物的惰力大，才能使它动。打破习俗，你须以一二人之力，抵抗千万人之惰力，所以非有雷霆万钧的力量不可。因此，习俗的背叛者比习俗的顺从者较为难能可贵，从历史看社会进化，都是靠着几个站在十字街头而能向十字街头宣战的人。这般人的报酬往往不是十字架，就是断头台。可是世间只有他们才是不朽，倘若世界没有他们这些殉道者，人类早已为乌烟瘴气闷死了。

一种社会所最可怕的不是民众浮浅顽劣，因为民众通常都是浮浅顽劣的；它所最可怕的是没有在浮浅卑劣的环境中而能不浮浅不卑劣的人。比方英国民众就是很沉滞顽劣的，然而在这种沉滞顽劣的社会中，偶尔跳出一二个性坚强的人，如雪莱、卡莱尔、罗素等，其特立独行的胆与识，却非其他民族所可多得。这是英国人力量所在的地方。路易·笛铿生尝批评日本，说她是一个没有柏拉图和亚理斯多德的希腊，所以不能造伟大的境界。据生物学家说，物竞天择的结果不能产生新种，要产生新种须经突变（sports）。所谓突变，是指不像同种的新裔。社会也是如此，它能否生长滋大，就看它有无突变式的分子；换句话说，就看十字街头的矮人群中有没有几个大汉。

说到这点，我不能不替我们中国人汗颜了。处人胯下的印度还有一位泰戈尔和一位甘地，而中国满街只是一些打冒牌的学者和打冒牌的社会运动家。强者皇然叫嚣，弱者随声附和；旧者盲从传说，新者盲从时尚。相习成风，每况愈下，而社会之浮浅顽劣虚伪酷毒，乃日不可收拾。在这个当儿，站在十字街头的我们青年怎能免彷徨失措？朋友，昔人临歧而哭，假如你看清你面前的险径，你会心寒胆裂哟！围着你的全是浮浅顽劣虚伪酷毒，你只有两种应付方法：你只有和它冲突，要不然，就和它妥洽。在现时这种状况之下，冲突就是烦恼，妥洽就是堕落。无论走哪一条路，结果都是悲剧。

但是，朋友，你我正不必因此颓丧！假如我们的力量够，冲突结果，也许是战胜。让我们相信世界达真理之路只有自由思想，让我们时时记着十字街头浮浅虚伪的传说和时尚都是真理路上的障碍，让我们本着少年的勇气把一切市场偶像打得粉碎！

最后，打破偶像，也并非卤莽叫嚣所可了事。卤莽叫嚣还是十字街头的特色，是浮浅卑劣的表征。我们要能于叫嚣扰攘中：以冷静态度，灼见世弊；以深沉思考，规划方略；以坚强意志，征服障碍。总而言之，我们要自由伸张自我，不要汩没在十字街头的影响里去。

朋友，让我们一齐努力罢！

你的同志，光潜。

六　谈多元宇宙

朋友：

你看到"多元宇宙"这个名词，也许联想到哲姆士的哲学名著。但是你不用骇怕我谈玄，你知道我是一个不懂哲学而且厌听哲学的人。今天也只是吃家常便饭似的，随便谈谈，与哲姆士毫无关系。

年假中朋友们无事来闲谈，"言不及义"的时候，动辄牵涉到恋爱问题。各人见解不同，而我所援以辩护恋爱的便是我所谓"多元宇宙"。

什么叫做"多元宇宙"呢？

人生是多方面的，每方面如果发展到极点，都自有其特殊宇宙和特殊价值标准。我们不能以甲宇宙中的标准，测量乙宇宙中的价值。如果勉强以甲宇宙中的标准，测量乙宇宙中的价值，则乙宇宙便失其独立性，而只在乙宇宙中可尽量发展的那一部分性格便不免退处于无形。

各人资禀经验不同，而所见到的宇宙，其种类多寡，量积大小，也不一致。一般人所以为最切己而最推重的是"道德的宇宙"。"道德的宇宙"是与社会俱生的。如果世间只有我，"道德的宇宙"便不能成立。比方没有父母，便无孝慈可言，没有亲友，便无信义可言。人与人相接触以后，然后道德的需要便因之而起。人是社会的动物，而同时又秉有反社会的天性。想调剂社会的需要与利己的欲望，人与人中间的关系不能不有法律道德为之维护。因有法律存在，我不能以利己欲望妨害他人，他人也不能以利己欲望妨害我，于是彼此乃宴然相安。因有道德存在，我尽心竭力以使他人享受幸福，他人也尽心竭力以使我享受幸福，于是彼此乃欢然同乐，社会中种种成文的礼法和默认的信条都是根据这个基本原理。服从这种礼法和信条便是善，破坏这种礼法和信念便是恶。善恶便是"道德的宇宙"中的价值标准。

我们既为社会中人，享受社会所赋予的权利，便不能不对于社会负有相当义务，不能不趋善避恶，以求达到"道德的宇宙"的价值标准的最高点。在"道德的宇宙"中，如果能登峰造极，也自能实现伟大的自我，孔子、苏格腊底和耶稣诸人的风范所以照耀千古。

但是"道德的宇宙"决不是人生唯一的宇宙，而善恶也决不能算是一切价值的标准，这是我们中国人往往忽略的道理。

比方在"科学的宇宙"中，善恶便不是适当的价值标准。"科学的宇宙"中的适当的价值标准只是真伪。科学家只问：这个定律是否合于事实？这个结论是否没有讹错，他们决问不到："物体向地心下坠"合乎道德吗？"勾方加股方等于弦方"有些不仁不义罢？固然"科学的宇宙"也有时和"道德的宇宙"相抵触，但是科学家只当心真理而不顾社会信条。格里利阿宣传哥白尼地动说，达尔文主张生物是进化而不是神造的，就教会眼光看，他们都是不道德的，因为他们直接的辩驳圣经，间接的摇动宗教和它的道德信条。可是格里利阿和达尔文是"科学的宇宙"中的人物，从"道德的宇宙"所发出来的命令，他们则不敢奉命唯谨。科学家的这种独立自由的态度到现代更渐趋明显。比方伦理学从前是指导行为的规范科学，而近来却都逐渐向纯粹科学的路上走，它们的问题也逐渐由"应该或不应该如此"变为"实在是如此或不如此"了。

其次，"美术的宇宙"也是自由独立的。美术的价值标准既不是是非，也不是善恶，只是美丑。从希腊以来，学者对于美术有三种不同的见解。一派以为美术含有道德的教训，可以陶冶性情。一派以为美术的最大功用只在供人享乐。第三派则折衷两说，以为美术既是教人道德的，又是供人享乐的。好比药丸加上糖衣，吃下去又甜又受用。这三种学说在近代都已被人推翻了。现代美术家只是"为美术而言美术"（Art for Art's Sake）。意大利美学泰斗克罗齐并且说美和善是绝对不能混为一谈的。因为道德行为都是起于意志，而美术品只是直觉得来的意象，无关意志，所以无关道德。这并非说美术是不道德的，美术既非"道德的"，也非"不道德的"，它只是"超道德的"。说一个幻想是道德的，或者说一幅画是不道德的，是无异于说一个方形是道德的，或者说一个三角形是不道德的，同为毫无意义。美术家最大的使命，求创造一种意境，而意境必须超脱现实。我们可以说，在美术方面，不能"脱实"便是不能"脱俗"。因此，从"道德的宇宙"中的标准看，曹操、阮大铖、李波·李披（Fra Lippo Lippi）和摆伦一般人都不是圣贤，而从"美术的宇宙"中的标准看，这些人都不失其为大诗家或大画家。

再其次，我以为恋爱也是自成一个宇宙；在"恋爱的宇宙"里，我们只能问某人之爱某人是否真纯，不能问某人之爱某人是否应该。其实就是只"应该不应该"的问题，恋爱也是不能打消的。从生物学观点看，生殖对于种族为重大的利益，而对于个体则为重大的牺牲。带有重大的牺牲，不能不兼有重大的引诱，所以性欲本能在诸本能中最为强烈。我们可以说，人应该生存，应该绵延种族，所以应该恋爱。但是这番话仍然是站在"道德的宇宙"中说的，在"恋爱的宇宙"中，恋爱不是这样机械的东西，它是至上的，神圣的，含有无穷奥秘的。在恋爱的状态中，两人脉搏的一起一落，两人心灵的一往一复，都恰能忻合无间。在这种境界，如果身家、财产、学业、名誉、道德等等观念渗入一分，则恋爱真纯的程度便须减少一分。真能恋爱的人只是为恋爱而恋爱，恋爱以外，不复另有宇宙。

"恋爱的宇宙"和"道德的宇宙"虽不必定要不能相容，而在实际上往往互相冲突。恋爱和道德相冲突时，我们既不能两全，应该牺牲恋爱呢，还是牺牲道德呢？道德家说，道德至上，应牺牲恋爱。爱伦凯一般人说，恋爱至上，应牺牲道德。就我看，这所谓"道德至上"与"恋爱至上"都未免笼统。我们应该加上形容句子说，在"道德的宇宙"中道德至上，在"恋爱的宇宙"中恋爱至上。所以遇着恋爱和道德相冲突时，社会本其"道德的宇宙"的标准，对于恋爱者大肆其攻击诋毁，是分所应有的事，因为不如此则社会所赖以维持的道德难免隳丧；而恋爱者整个的酣醉于"恋爱的宇宙"里，毅然不顾一切，也是分所应有的事，因为不如此则恋爱不真纯。

"恋爱的宇宙"中，往往也可以表现出最伟大的人格。我时常想，能够恨人极点的人和能够爱人极点的人都不是庸人。日本民族是一个有生气的民族，因他们中间有人能够以嫌怨杀人，有人能够为恋爱自杀。我们中国人随在都讲"中庸"，恋爱也只能达到温汤热。所以为恋爱而受社会攻击的人，立刻就登报自辩。这不能不算是根性浅薄的表征。

朋友，我每次写信给你都写到第六张信笺为止。今天已写完第六张信笺了，可是如果就在此搁笔，恐怕不免叫人误解，让我在收尾时郑重声明一句罢。恋爱是至上的，是神圣的，所以也是最难遭遇的。"道德的宇宙"里真正的圣贤少，"科学的宇宙"里绝对真理不易得，"美术的宇宙"里完美的作家寥寥，"恋爱的宇宙"里真正的恋爱人更是凤毛麟角。恋爱是人格的交感共鸣，所以恋爱真纯的程度以人格高下为准。一般人误解恋爱，动于一时飘忽的性欲冲动而发生婚姻关系，境过则情迁，色衰则爱弛，这虽是冒名恋爱，实则只是纵欲。我为真正恋爱辩护，我却不愿为纵欲辩护，我愿青年应该懂得恋爱神圣，我却不愿青年在血气未定的时候，去盲目地假恋爱之名寻求泄欲。

　　意长纸短，你大概已经懂得我的主张了罢？

你的朋友，光潜。

七　谈升学与选课

朋友：

你快要在中学毕业了，此时升学问题自然常在脑中盘旋。这一着也是人生一大关键，所以值得你慎而又慎。

升学问题分析起来便成为两个问题，第一是选校问题，第二是选科问题。这两个问题自然是密切相关的，但是为说话清晰起见，分开来说，较为便利。

我把选校问题放在第一，因为青年们对于选校是最容易走入迷途的。现在中国社会还带有科举时代的资格迷。比方小学才毕业便希望进中学，大学才毕业便希望出洋，出洋基本学问还没有做好，便希望掇拾中国古色斑斑的东西去换博士。学校文凭只是一种找饭碗的敲门砖。学校招牌愈亮，文凭就愈行时，实学是无人过问的。社会既有这种资格迷，而资格买卖所便乘机而起。租三间铺面，拉拢一个名流当"名誉校长"，便可挂起一个某某大学的招牌。只看上海一隅，大学的总数比较英或法全国大学的总数似乎还要超过，谁说中国文化没有提高呢？大学既多，只是称"大学"还不能动听，于是"大学"之上又冠以"美国政府注册"的头衔。既"大学"而又在"美国政府注册"，生意自然更加茂盛了。何况许多名流又肯"热心教育"做"名誉校长"呢？

朋友，可惜这些多如牛毛的大学都不能解决我们升学的困难，因为那些有"名誉校长"或是"美国政府注册"的大学，是预备让有钱可化的少爷公子们去逍遥岁月，像你我们既无钱可化，又无时光可化，只好望望然去罢。好在它们的生意并不会因我们"杯葛"而低落的。我们求学最难得的是诚恳的良师与和爱的益友，所以选校应该以有无诚恳、和爱的空气为准。如果能得这种学校空气，无论是大学不是大学，我们都可以心满意足。做学问全赖自己，做事业也全赖自己，与资格都无关系。我看过许多留学生程度不如本国大学生，许多大学生程度不如中学生。至于凭资格去混事做，学校的资格在今日是不大高贵的，你如果作此想，最好去逢迎奔走，因为那是一条较捷的路径。

升学问题，跨进大学门限以后，还不能算完全解决。选科选课还得费你几番踌躇。在选课的当儿，个人兴趣与社会需要尝不免互相冲突。许多人升学选课都以社会需要为准。从前人都欢迎速成法政；我在中学时代，许多同学都希望进军官学校或是教会大学；我进了高等师范，那要算是穷人末路。那时高等师范里最时髦的是英文科，我选了国文科，那要算是腐儒末路。杜威来中国时，哥伦比亚大学的留学生们把教育学也弄得很热闹。近来书店逐渐增多，出诗文集一天容易似一天，文学的风头也算是出得十足透顶。听说现在法政经济又很走时了。朋友，你是学文学或是学法政呢？"学以致用"本来不是一种坏的主张；但是资禀兴趣人各不同，你假若为社会需要而忘却自己，你就未免是一位"今之学者"了。任何科目，只要和你兴趣资禀相近，都可以发挥你的聪明才力，都可以使你效用于社会。所以你选课时，旁的问题都可以丢开，只要问："这门功课合我的胃口么？"

我常时想，做学问，做事业，在人生中都只能算是第二桩事。人生第一桩事是生活。我所谓"生活"是"享受"，是"领略"，是"培养生机"。假若为学问为事业而忘却生活，那种学问事业在人生中便失其真正意义与价值。因此，我们不应该把自己看作社会的机械。一味迎合社会需要而不顾自己兴趣的人，就没有明白这个简单的道理。

我把生活看作人生第一桩要事，所以不赞成早谈专门；早谈专门便是早走狭路，而早走狭路的人对于生活常不能见得面面俱到。前天 G 君对我谈过一个故事，颇有趣，很可说明我的道理。他说，有一天，一个中国人、一个印度人和一位美国人游历，走到一个大瀑布前面，三人都看得发呆；中国人说："自然真是美丽！"印度人说："在这种地方才见到神的力量呢！"美国人说：

"可惜偌大水力都空费了！"这三句话各各不同，各有各的真理，也各有各的缺陷。在完美的世界里，我们在瀑布中应能同时见到自然的美丽、神力的广大和水力的实用。许多人因为站在狭路上，只能见到诸方面的某一面，便说他人所见到的都不如他的真确。前几年大家曾像煞有介事地争辩哲学和科学，争辩美术和宗教，不都是坐井观天诬天渺小么？

我最怕和谈专门的书呆子在一起，你同他谈话，他三句话就不离本行。谈到本行以外，旁人所以为兴味盎然的事物，他听之则麻木不能感觉。像这样的人是因为做学问而忘记生活了。我特地提出这一点来说，因为我想现在许多人大谈职业教育，而不知单讲职业教育也颇危险。我并非反对职业教育，我却深深地感觉到职业教育应该有宽大自由教育（liberal education）做根底。倘若先没有多方面的宽大自由教育做根底，则职业教育的流弊，在个人方面，常使生活单调乏味，在社会方面，常使文化浮浅褊狭。

许多人一开口就谈专门（specialization），谈研究（research work）。他们说，欧美学问进步所以迅速，由于治学尚专门。原来不专则不精，固是自然之理，可是"专"也并非是任何人所能说的。倘若基础树得不宽广，你就是"专"，也决不能"专"到多远路。自然和学问都是有机的系统，其中各部分常息息相通，牵此则动彼。倘若你对于其他各部分都茫无所知，而专门研究某一部分，实在是不可能的。哲学和历史，须有一切学问做根底；文学与哲学、历史也密切相关；科学是比较可以专习的，而实亦不尽然。比方生物学，要研究到精深的地步，不能不通化学，不能不通物理学，不能不通地质学，不能不通数学和统计学，不能不通心理学。许多人连动物学和植物学的基础也没有，便谈专门研究生物学，是无异于未学爬而先学跑的。我时常想，学问这件东西，先要能博大而后能精深。"博学守约"，真是至理名言。亚理斯多德是种种学问的祖宗。康德在大学里几乎能担任一切功课的教授。哥德盖代文豪而于科学上也很有建树。亚当·斯密是英国经济学的始祖，而他在大学是教授文学的。近如罗素，他对于数学、哲学、政治学样样都能登峰造极。这是我信笔写来的几个确例。西方大学者（尤其是在文学方面）大半都能同时擅长几种学问的。

我从前预备再做学生时，也曾痴心妄想过专门研究某科中的某某问题。来欧以后，看看旁人做学问所走的路径，总觉悟像我这样浅薄，就谈专门研究，真可谓"颜之厚矣"！我此时才知道从前在国内听大家所谈的"专门"是怎么一回事。中国一般学者的通弊就在不重根基而侈谈高远。比方"讲东西文化"的人，可以不通哲学，可以不通文学和美术，可以不通历史，可以不通科学，可以不懂宗教，而信口开河，凭空立说；历史学者闻之窃笑，科学家闻之窃笑，文艺批评学者闻之窃笑，只是发议论者自己在那里洋洋得意。再比方著世界文学史的人，法国文学可以不懂，英国文学可以不懂，德国文学可以不懂，希腊文学可以不懂，中国文学可以不懂，而东抄西袭，堆砌成篇，使法国文学学者见之窃笑，英国文学学者见之窃笑，中国文学学者见之窃笑，只是著书人自己在那里大吹喇叭。这真所谓"放屁放屁，真正岂有此理"！

朋友，你就是升到大学里去，千万莫要染着时下习气，侈谈高远而不注意把根基打得宽大稳固。我和你相知甚深，客气话似用不着说。我以为你在中学所打的基本学问的基础还不能算是稳固，还不能使你进一步谈高深专门的学问。至少在大学头一二年中，你须得尽力多选功课，所谓多选功课，自然也有一个限制。贪多而不务得，也是一种毛病。我是说，在你的精力时间可能范围以内，你须极力求多方面的发展。

最后，我这番话只是针对你的情形而发的。我不敢说一切中学生都要趁着这条路走。但是对于预备将来专门学某一科而谋深造的人，——尤其是所学的关于文哲和社会科学方面，——我的忠告总含有若干真理。

同时，我也很愿听听你自己的意见。

你的好友，光潜。

八 谈作文

朋友：

我们对于许多事，自己愈不会做，愈望朋友做得好。我生平最大憾事就是对于美术和运动都一无所长。幼时薄视艺事为小技，此时亦偶发宏愿去学习，终苦于心劳力拙，怏怏然废去。所以每遇年幼好友，就劝他趁早学一种音乐，学一项运动。

其次，我极羡慕他人做得好文章。每读到一种好作品，看见自己所久想说出而说不出的话，被他人轻轻易易地说出来了，一方面固然以作者"先获我心"为快，而另一方面也不免心怀惭怍。惟其惭怍，所以每遇年幼好友，也苦口劝他练习作文，虽然明明知道人家会奚落我说："你这样起劲谈作文，你自己的文章就做得'蹩脚'！"

文章是可以练习的么？迷信天才的人自然嗤着鼻子这样问。但是在一切艺术里，天资和人力都不可偏废。古今许多第一流作者大半都经过极刻苦的推敲揣摩的训练。法国福洛伯尝费三个月的功夫做成一句文章；莫泊桑尝拜门请教，福洛伯叫他把十年辛苦成就的稿本付之一炬，从新起首学描实境。我们读莫泊桑那样的极自然极轻巧极流利的小说，谁想到他的文字也是费功夫作出来的呢？我近来看见两段文章，觉得是青年作者应该悬为座右铭的，写在下面给你看看：

一段是从托尔斯泰的儿子 Count Ilya Tolstoy 所做的《回想录》(Reminiscences) 里面译出来的，这段记载托尔斯泰著《婀娜小传》(Anna Karenina) 修稿时的情形。他说："《婀娜小传》初登俄报 Vyetnik 时，底页都须寄吾父亲自己校对。他起初在纸边加印刷符号如删削句读等，继而改字，继而改句，继而又大加增删，到最后，那张底页便变成百孔千疮，糊涂得不可辨识。幸吾母尚能认清他的习用符号以及更改增删。她尝终夜不眠替吾父誊清改过底页。次晨，她便把他很整洁的清稿摆在桌上，预备他下来拿去付邮。吾父把这清稿又拿到书房里去看'最后一遍'，到晚间这清稿又重新涂改过，比原来那张底页要更加糊涂，吾母只得再抄一遍。他很不安地向吾母道歉。'松雅吾爱，真对不起你，我又把你誊的稿子弄糟了。我再不改了。明天一定发出去。'但是明天之后又有明天。有时甚至于延迟几礼拜或几月。他总是说，'还有一处要再看一下'，于是把稿子再拿去改过。再誊清一遍。有时稿子已发出了，吾父忽然想到还要改几个字，便打电报去吩咐报馆替他改。"

你看托尔斯泰对文字多么谨慎，多么不惮烦！此外小泉八云给张伯伦教授（Prof. Chamberlain）的信也有一段很好的自白，他说："……题目择定，我先不去运思，因为恐怕易生厌倦。我作文只是整理笔记。我不管层次，把最得意的一部分先急忙地信笔写下。写好了，便把稿子丢开，去做其他较适意的工作。到第二天，我再把昨天所写的稿子读一遍，仔细改过，再从头到尾誊清一遍，在誊清中，新的意思自然源源而来，错误也呈现了，改正了。于是我又把他搁起，再过一天，我又修改第三遍。这一次是最重要的，结果总比原稿大有进步，可是还不能说完善。我再拿一片干净纸作最后的誊清，有时须誊两遍。经过这四五次修改以后，全篇的意思自然各归其所，而风格也就改定妥贴了。"

小泉八云以美文著名，我们读他这封信，才知道他的成功秘诀。一般人也许以为这样咬文嚼字近于迂腐。在青年心目中，这种训练尤其不合胃口。他们总以为能倚马千言、不加点窜的才算好脚色。这种念头不知误尽多少苍生？在艺术田地里比在道德田地里，我们尤其要讲良心。稍有苟且，便不忠实。听说印度的甘地主办一种报纸，每逢作文之先，必斋戒静坐沉思一日夜然后动笔。我们以文字骗饭吃的人们对之能不愧死么？

文章像其他艺术一样，"神而明之，存乎其人"，精微奥妙都不可言传，所可以言传的全是糟粕。不过初学作文也应该认清路径，而这种路径是不难指点的。

学文如学画，学画可临帖，又可写生。在这两条路中间，写生自然较为重要。可是临帖也不可一笔勾销，笔法和意境在初学时总须从临帖中领会。从前中国文人学文大半全用临帖法。每人总须读过几百篇或几千篇名著，揣摩呻吟，至能背诵，然后执笔为文，手腕自然纯熟。欧洲文人虽亦重读书，而近代上品作者大半都由写生入手。莫泊桑初请教于福洛伯，福洛伯叫他描写一百个不同的面孔。霸若因为要描写吉伯色野人生活，便自己去和他们同住，可是这并非说他们完全不临帖。许多第一流作者起初都经过模仿的阶级。莎氏比亚起初模仿英国旧戏剧作者，白朗宁起初模仿雪莱，杜斯退益夫司基和许多俄国小说家都模仿嚣俄。我以为向一般人说法，临帖和写生都不可偏废。所谓临帖在多读书。中国现当新旧交替时代，一般青年颇苦无书可读。新作品寥寥有数，而旧书又受复古反动影响，为新文学家所不乐道。其实冬烘学究之厌恶新小说和白话诗，和新文学运动者之攻击读经和念古诗文，都是偏见。文学上只有好坏的分别，没有新旧的分别。青年们读新书已成时髦，用不着再提倡，我只劝有闲工夫有好兴致的人对于旧书也不妨去读读看。

读书只是一步预备的工夫，真正学作文，还要特别注意写生。要写生，须勤做描写文和记叙文。中国国文教员们常埋怨学生们不会做议论文。我以为这并不算奇怪。中学生的理解和知识大半都很贫弱，胸中没有议论，何能做得出议论文？许多国文教员们叫学生入手就做议论文，这是没有脱去科举时代的陋习。初学做议论文是容易走入空疏俗滥的路上去。我以为初学作文应该从描写文和记叙文入手，这两种文做好了，议论文是很容易办的。

这封信只就一时见到的几点说说。如果你想对于作文方法还要多知道一点，我劝你看看夏丏尊和刘薰宇两先生合著的《文章作法》。这本书有许多很精当的实例，对于初学是很有用的。

光潜。

九　谈情与理

朋友：

去年张东荪先生在《东方杂志》发表过两篇论文，讨论兽性问题，并提出理智救国的主张。今年李石岑先生和杜亚泉先生也为着同样问题，在《一般》上起过一番辩论。一言以蔽之，他们的争点是：我们的生活应该受理智支配呢？还是应该受感情支配呢？张、杜两先生都是理智的辩护者，而李先生则私淑尼采，对于理智颇肆抨击。我自己在生活方面，尝感着情与理的冲突。近来稍涉猎文学、哲学，又发见现代思潮的激变，也由这个冲突发轫。屡次手痒，想做一篇长文，推论情与理在生活与文化上的位置，因为牵涉过广，终于搁笔。在私人通信中，大题不妨小做，而且这个问题也是青年所急宜了解的，所以趁这次机会，粗陈鄙见。

科学家讨论事理，对于规范与事实，辨别极严。规范是应然的，是以人的意志定出一种法则来支配人类生活的。事实是实然的，是受自然法则支配的。比方伦理、教育、政治、法律、经济各种学问都侧重规范，数、理、化各种学问都侧重事实。规范虽和事实不同，而却不能不根据事实。比方在教育学中，"自由发展个性"是一种规范，而所根据的是儿童心理学中的事实；在马克斯派经济学中，"阶级斗争"和"劳工专政"都是规范，而"剩余价值"律和"人口过剩"律是他所根据的事实。但是一般人制定规范，往往不根据事实而根据自己的希望。不知人的希望和自然界的事实常不相侔，而规范是应该现于事实的。规范倘若不根据事实，则不特不能实现，而且漫无意义。比方在事实上二加二等于四，而人的希望往往超过事实，硬想二加二等于五。既以为二加二等于五是很好的，便硬定"二加二应该等于五"的规范，这岂不是梦话？

我所以不满意于张东荪、杜亚泉诸先生的学说者，就因为他们既没有把规范和事实分别清楚，而又想离开事实，只凭自家理想去定规范。他们想把理智抬举到万能的地位，而不问在事实上理智是否万能；他们只主张理智应该支配一切生活，而不考究生活是否完全可以理智支配。我很奇怪张先生以柏格荪的翻译者而抬举理智，我尤其奇怪杜先生想从哲学和心理学的观点去抨击李先生，而不知李先生的学说得自尼采，又不知他自己所根据的心理学久已陈死。

只论事实，世界文化和个人生活果能顺着理智所指的路径前进么？现代哲学和心理学对于这个问题所给的答案是否定的。

　　哲学家怎样说呢？现代哲学的主要潮流可以说是十八世纪理智主义的反动。自尼采、叔本华以至于柏格荪，没有人不看透理智的威权是不实在的。依现代哲学家看，宇宙的生命、社会的生命和个体的生命都只有目的而无先见（purposive without foresight）。所谓有目的，是说生命是有归宿的，是向某固定方向前进的；所谓无先见，是说在未归宿之先，生命不能自己预知归宿何所。比方母鸡孵卵，其目的在产小鸡，而这个目的却不必预存于母鸡的意识中。理智就是先见，生命不受先见支配，所以不受理智支配。这是现代哲学上一种主要思潮，而这个思潮在政治思想上演出两个相反的结论。其一为英国保守派政治哲学。他们说，理智既不能左右社会生命，所以我们应该让一切现行制度依旧存在，它们自己会变好，不用人费力去筹划改革。其一为法国行会主义（syndicalism）。这派激烈分子说，现行制度已经够坏了，把它们打破以后，任它们自己变去，纵然没有理智产生的建设方略，也决不会有比现在更坏的制度发现出来。无论你相信哪一说，理智都不是万能的。

　　在心理学方面，理智主义的反动尤其剧烈。这种反动有两个大的倾向。第一个倾向是由边沁的乐利主义（hedonism）转到墨独孤的动原主义（homic theory）。乐利派心理学者以为一切行为都不外寻求快感与避免痛感。快感与痛感就是行为的动机。吾人心中预存何者发生快感、何者发生痛感的计算，而后才有寻求与避免的行为。换句话说，行为是理智的产品，而理智所去取，则以感觉之快与不快为标准。这种学说在十八十九两世纪颇盛行，到了现代，因为受墨独孤心理学者的攻击，已成体无完肤。依墨独孤派学者看，乐利主义误在倒果为因。快感与痛感是行为的结果，不是行为的动机，动作顺利，于是生快感，动作受阻碍，于是生痛感；在动作未发生之前，吾人心中实未曾运用理智，预期快感如何寻求、痛感如何避免。行为的原动力是本能与情绪，不是理智。这个道理墨独孤在他的《社会心理学》里说得很警辟。

心理学上第二个反理智的倾向是弗洛德派的隐意识心理学。依这派学者看，心好比大海，意识好比海面浮着的冰山，其余汪洋深湛的统是隐意识。意识在心理中所占位置甚小，而理智在意识中所占位置又甚小，所以理智的能力是极微末的。通常所谓理智，大半是理性化（rationalisation）的结果，理智之来，常不在行为未发生之前，而在行为已发生之后。行为之发生，大半由隐意识中的情意综（complexes）主持。吾人于事后须得解释辩护，于是才找出种种理由来。这便是理性化。比方一个人钟爱一个女子，天天不由自主的走到她的寓所左右。而他自己所能举出的理由只不外"去看报纸"、"去访她哥哥"、"去看那棵柳树今天开了几片新叶"一类的话。照这样说，不特理智不易驾驭感情，而理智自身也不过是感情的变相。维护理智的人喜用弗洛德的升华说（sublimation）做护身符，不知所谓升华大半还是隐意识作用，其中情的成分比理的成分更加重要。

总观以上各点，我们可以知道在事实上理智支配生活的能力是极微末、极薄弱的，尊理智抑感情的人在思想上是开倒车，是想由现世纪回到十八世纪。开倒车固然不一定就是坏，可是要开倒车的人应该先证明现代哲学和心理学是错误的。不然，我们决难悦服。

更进一步，我们姑且丢开理智是否确能支配情感的问题，而衡量理智的生活是否确比情感的生活价值来得高。迷信理智的人不特假定理智能支配生活，而且假定理智的生活是尽善尽美的。第一个假定，我们已经知道，是与现代哲学和心理学相矛盾的。现在我们来研究第二个假定。

第一，我们应该知道理智的生活是很狭隘的。如果纯任理智，则美术对于生活无意义，因为离开情感，音乐只是空气的震动，图画只是涂着颜色的纸，文学只是联串起来的字。如果纯任理智，则宗教对于生活无意义，因为离开情感，自然没有神奇，而冥感灵通全是迷信。如果纯任理智，则爱对于人生也无意义，因为离开情感，男女的结合只是为着生殖。我们试想生活中无美术、无宗教（我是指宗教的狂热的情感与坚决信仰）、无爱情，还有什么意义？记得几年前有一位学生物学的朋友在《学灯》上发表一篇文章，说穷到究竟，人生只不过是吃饭与交媾。他的题目我一时记不起，仿佛是"悲"、"哀"一类的字。专从理智着想，他的话是千真万确的。但是他忘记了人是有感情的动物。有了感情，这个世界便另是一个世界，而这个人生便另是一个人生，决不是吃饭交媾就可以了事的。

第二，我们应该知道理智的生活是很冷酷的，很刻薄寡恩的。理智指示我们应该做的事甚多，而我们实在做到的还不及百分之一。所做到的那百分之一大半全是由于有情感在后面驱遣。比方我天天看见很可怜的乞丐，理智也天天提醒我赈济困穷的道理，可是除非我心中怜悯的情感触动时，我百回就有九十九回不肯掏腰包。前几天听见一位国学家投河的消息，和朋友们谈，大家都觉得他太傻。他固然是傻，可是世间有许多事须得有几分傻气的人才能去做。纯信理智的人天天都打计算，有许多不利于己的事他决不肯去做的。历史上许多侠烈的事迹都是情感的而不是理智的。

人类如要完全信任理智，则不特人生趣味剥削无余，而道德亦必流为下品。严密说起，纯任理智的世界中只能有法律而不能有道德。纯任理智的人纵然也说道德，可是他们的道德是问理的道德（morality according to principle），而不是问心的道德（morality according to heart）。问理的道德迫于外力，问心的道德激于衷情，问理而不问心的道德，只能给人类以束缚而不能给人类以幸福。

　　比方中国人所认为百善之首的"孝"，就可以当作问理的道德，也可以当作问心的道德。如果单讲理智，父母对于子女不能居功，而子女对于父母便不必言孝。这个道理胡适之先生在《答汪长禄书》里说得很透辟。他说：

　　　　"父母于子无恩"的话，从王充、孔融以来，也很久了。……今年我自己生了一个儿子，我才想到这个问题上去。我想这个孩子自己并不曾自由主张要生在我家，我们做父母的也不曾得他的同意，就糊里糊涂的给他一条生命，况且我们也并不曾有意送给他这条生命。我们既无意，如何能居功？……我们生一个儿子，就好比替他种了祸根，又替社会种了祸根。……所以我们教他养他，只是我们减轻罪过的法子。……这可以说是恩典吗？

因此，胡先生不赞成把"儿子孝顺父母"列为一种"信条"。

　　胡先生所以得此结论，是假定孝只是一种报酬，只是一种问理的道德。把孝当作这样解释，我也不赞成把它"列为一种信条"。但是我们要知道真孝并不是一种报酬，并不是借债还息。孝只是一种爱，而凡爱都是以心感心，以情动情，决不像做生意买卖，时时抓住算盘子，计算你给我二五，我应该报酬你一十。

换句话说，孝是情感的，不是理智的。世间有许多慈母，不惜牺牲一切，以护养她的婴儿；世间也有许多婴儿，无论到了怎样困穷忧戚的境遇，总可以把头埋在母亲的怀里，得那不能在别处得到的保护与安慰。这就是孝的起源，这也就是一切爱的起源。这种孝全是激于至诚的，是我所谓问心的道德。

孝不是一种报酬，所以不是一种义务，把孝看成一种义务，于是"孝"就由问心的道德降而为问理的道德了。许多人"孝顺"父母，并不是因为激于情感，只因为他想凡是儿子都须得孝顺父母，才成体统。礼至而情不至，孝的意义本已丧失。儒家想因存礼以存情，于是孝变成一种虚文。像胡先生所说，"无论怎样不孝的人，一穿上麻衣，带上高粱冠，拿着哭丧棒，人家就称他做'孝子'"了。近人非孝，也是从理智着眼，把孝看作一种债息。其实与儒家末流犯同一毛病。问理的孝可非，而问心的孝是不可非的。

孝不过是许多事例中之一种。其他一切道德也都可以有问心的和问理的分别。问理的道德虽亦不可少，而衡其价值，则在问心的道德之下。孔子讲道德注重"仁"字，孟子讲道德注重"义"字，"仁"比"义"更有价值，是孔门学者所公认的。"仁"就是问心的道德，"义"就是问理的道德。宋儒注"仁义"两个字说："仁者心之德，义者事之宜。"这是很精确的。

我说了这许多话，可以一言以蔽之，"仁"胜于"义"，问心的道德胜于问理的道德，所以情感的生活胜于理智的生活。生活是多方面的，我们不但要能够知（know），我们更要能够感（feel）。理智的生活只是片面的生活。理智没有多大能力去支配情感，纵使理智能支配情感，而理胜于情的生活和文化都不是理想的。

我对于这个问题还有许多的话，在这封信里只能言不尽意，待将来再说。

你的朋友，光潜。

此文发表后，曾蒙杜亚泉先生给了一个批评（见《一般》三卷三号），当时课忙，所以没有奉复。我在此文结论中明明说过："问理的道德虽亦不可少，而衡其价值，则在问心的道德之下。"我并没有说把理智完全勾消。杜先生也说："我也主张主情的道德。"然则我们的意见根本并无二致。我不能不羡慕杜先生真有闲工夫。

杜先生一方面既然承认"朱先生说，'真孝并不是一种报酬'这句话很精到的"，而另一方面又加上一句"但说'孝不是一种义务'这句话却错了"。我以为他可以说出一番大道理来，而下文不过是如此："至于父母就是社会上担负教育子女义务的人……这种人在衰老的时候，社会也应该辅养他。"说明白一点咧，在子女幼时，父母曾为社会辅养子女；所以到父母老时，子女也应该为社会辅养父母。

请问杜先生，这是不是所谓报酬？承认我的"孝不是一种报酬"一语为"精到"，而说明"孝是一种义务"时，又回到报酬的原理，这似犯了维护理智的人们所谓"矛盾律"。

"今之孝者，是谓能养"，杜先生大约还记得下文罢？我承认"养老"、"养小"都确是一种义务，我否认能尽这种义务就是孝慈。因为我主张于能尽养老的义务之外，还要有出于衷诚的敬爱，才能谓孝，所以我主张孝不是一种报酬。因为我主张孝不是一种报酬，所以我否认孝只是一种义务。杜先生同意于"孝不是一种报酬"，而致疑于"孝不是一种义务"，这也是矛盾。

维护理智的人，推理一再陷于矛盾，世间还有更好的凭据证明理智不可尽信么？

十七年二月，光潜附注。

十　谈摆脱

朋友：

近来研究黑格尔（Hegel）讨论悲剧的文章，有时拿他的学说来印证实际生活，颇觉欣然有会意。许久没有写信给你，现在就拿这点道理作谈料。

黑格尔对于古今悲剧，最推尊希腊苏菲克里司（Sophocles）的《安蒂贡》（Antigone）。安蒂贡的哥哥因为争王位，借重敌国的兵攻击他自己的祖国第伯斯，他在战场中被打死了。第伯斯新王克利安（Creon）悬令，如有人敢收葬他，便处死罪，因为他是一个国贼。安蒂贡很像中国的聂嫈，毅然不避死刑，把她哥哥的尸骨收葬了。安蒂贡又是和克利安的儿子希蒙（Haemon）订过婚的，她被绞以后，希蒙痛悼她，也自杀了。

黑格尔以为凡悲剧都生于两理想的冲突，而《安蒂贡》是最好的实例。就克利安说，做国王的职责和做父亲的职责相冲突。

就安蒂贡说，做国民的职责和做妹妹的职责相冲突。就希蒙说，做儿子的职责和做情人的职责相冲突。因此冲突，故三方面结果都是悲剧。

黑格尔只是论文学，其实推广一点说，人生又何尝不是一种理想的冲突场？不过实在界和舞台有一点不同，舞台上的悲剧生于冲突之得解决，而人生的悲剧则多生于冲突之不得解决。生命途程上的歧路尽管千差万别，而实际上只有一条路可走，有所取必有所舍，这是自然的道理。世间有许多人站在歧路上只徘徊顾虑，既不肯有所舍，便不能有所取。世间也有许多人既走上这一条路，又念念不忘那一条路。结果也不免差误时光。"鱼我所欲，熊掌亦我所欲，二者不可得兼，舍鱼而取熊掌可也。"有这样果决，悲剧决不会发生。悲剧之发生就在既不肯舍鱼，又不肯舍熊掌，只在那儿垂涎打算盘。这个道理我可以举几个实例来说明：

"禾"是一个大学生，很好文学，而他那一班的功课有簿记、有法律，都是他所厌恶的。他每见到我便愁眉蹙额的说："真是无聊！天天只是预备考试！天天只是读这些没有意味的课本！"我告诉他："你既不欢喜那些东西，便把它们丢开就是了。"他说："既然花了家里的钱进学堂，总得要勉强敷衍考试才是。"我说："你要敷衍考试，就敷衍考试就是了。"然而他天天嫌恶考试，天天又还在那儿预备考试。

我有一个幼时的同学恋爱了一个女子。他的家庭极力阻止他。他每次来信都向我诉苦。我去信告诉他说："你既然爱她，便毅然不顾一切去爱她就是了。"他又说："家庭骨肉的恩爱就能够这样恝然置之么？"我回复他说："事既不能两全，你便应该趁早疏绝她。"但是他到现在还是犹豫不知所可，还是照旧叫苦。

"禹"也是一个旧相识。他在衙门里充当一个小差事。他很能做文章，家里虽不丰裕，也还不至于没有饭吃。衙门里案牍和他的脾胃不很合，而且妨碍他著述。他时常觉得他的生活没有意味，和我谈心时，不是说："唉，如果我不要就这个事，这本稿子久已写成了。"就是说："这事简直不是人干的，我回家陪妻子吃糙米饭去了！"像这样的话我也不知道听他说过多少回数，但是他还是依旧风雨无阻的去应卯。

这些朋友的毛病都不在"见不到"而在"摆脱不开"。"摆脱不开"便是人生悲剧的起源。畏首畏尾，徘徊歧路，心境既多苦痛，而事业也不能成就。许多人的生命都是这样模模糊糊的过去的。要免除这种人生悲剧，第一须要"摆脱得开"。消极说是"摆脱得开"，积极说便是"提得起"，便是"抓得住"。认定一个目标，便专心致志的向那里走，其余一切都置之度外，这是成功的秘诀，也是免除烦恼的秘诀。现在姑且举几个实例来说明我所谓"摆脱得开"。

释迦牟尼当太子时，乘车出游，看到生老病死的苦状，便恍然解悟人生虚幻，把慈父、娇妻、爱子和王位一齐抛开，深夜遁入深山，静坐菩提树下，冥心默想解脱人类罪苦的方法。这是古今第一个知道摆脱的人。其次如苏格腊底，如耶稣，如屈原，如文天祥，为保持人格而从容就死，能摆脱开一般人所摆脱不开的生活欲，也很可以廉顽立懦。再其次如希腊达奥杰尼司提倡克欲哲学，除一个饮水的杯子和一个盘坐的桶子以外，身旁别无长物，一日见童子用手捧水喝，他便把饮水的杯子也掷碎。犹太斯宾洛莎学说与犹太教义不合，犹太教徒行贿不遂，把他驱逐出籍，他以后便专靠磨镜过活。他在当时是欧洲第一个大哲学家，海德尔堡大学请他去当哲学教授，他说："我还是磨我的镜子比较自由。"所以谢绝教授的位置。这是能为真理为学问摆脱一切的。卓文君逃开富家的安适，去陪司马相如当垆卖酒，是能为恋爱摆脱一切的。张翰在齐做大司马东曹掾，一天看见秋风乍起，想起吴中菰菜莼羹鲈鱼脍，立刻就弃官归里。陶渊明做彭泽令，不愿束带见督邮，向县吏说："我岂能为五斗米折腰向乡里小儿！"立即解绶辞官。这是能摆脱禄位以行吾心所安的。英国小说家司考特早年颇致力于诗，后读摆伦著作，知道自己在诗的方面不能有大成就，便丢开音律专去做他的小说。这是能为某一种学问而摆脱开其他学问之引诱的。孟敏堕甑，不顾而去。郭林宗问他的缘故，他回答说："甑已碎，顾之何益？"这是能摆脱过去之失败的。

斯蒂芬生论文，说文章之术在知遗漏（the art of omitting），其实不独文章如是，生活也要知所遗漏。我幼时，有一位最敬爱的国文教师看出我不知摆脱的毛病，尝在我的课卷后面加这样的批语："长枪短戟，用各不同，但精其一，已足致胜。汝才有偏向，姑发展其所长，不必广心博骛也。"十年以来，说了许多废话，看了许多废书，做了许多不中用的事，走了许多没有目标的路，多尝试，少成功，回忆师训，殊觉赧然，冷眼观察，世间像我这样暗中摸索的人正亦不少。大节固不用说，请问街头那纷纷群众忙的为什么？为什么天天做明知其无聊的工作，说明知其无聊的话，和明知其无聊的朋友们假意周旋？在我看来，这都由于"摆脱不开"。因为人人都"摆脱不开"，所以生命便成了一幕最大的悲剧。

　　朋友，我写到这里，已超过寻常篇幅，把上面所写的翻看一过，觉得还没有把"摆脱"的道理说得透。我只谈到粗浅处，细微处让你自己暇时细心体会罢。

　　　　　　　　　　　　　　　　　　你的朋友，光潜。

十一　谈在露浮尔宫所得的一个感想

朋友：

去夏访巴黎露浮尔宫，得摩挲《孟洛里莎》肖像的原迹，这是我生平一件最快意的事。凡是第一流美术作品都能使人在微尘中见出大千，在刹那中见出终古。里阿那多·德·文奇（Leonardo da Vinci）的这幅半身美人肖像纵横都不过十几寸，可是她的意蕴多么深广！丕德（Walter Pater）在《文艺复兴论》里说希腊、罗马和中世纪的特殊精神都在这一幅画里表现无遗。我虽然不知道丕德所谓希腊的生气、罗马的淫欲和中世纪的神秘是什么一回事，可是从那轻盈笑靥里我仿佛窥透人世的欢爱和人世的罪孽。虽则见欢爱而无留恋，虽则见罪孽而无畏惧。一切希冀和畏避的念头在霎时间都涣然冰释，只游心于和谐静穆的意境。这种境界我在贝多芬乐曲里，在米罗爱神雕像里，在《浮士德》诗剧里，也常隐约领略过，可是都不如《孟洛里莎》

所表现的深刻明显。

我穆然深思，我悠然遐想，我想像到中世纪人们的热情，想像到里阿那多作此画时费四个寒暑的精心结构，想像到里莎夫人临画时听到四周的缓歌慢舞，如何发出那神秘的微笑。

正想得发呆时，这中世纪的甜梦忽然被现世纪的足音惊醒，一个法国向导领着一群四五十个男的女的美国人蜂拥而来了。向导操很拙劣的英语指着说："这就是著名的《孟洛里莎》。"那班肥颈项胖乳房的人们照例露出几种惊奇的面孔，说出几个处处用得着的赞美的形容词，不到三分钟又蜂拥而去了。一年四季，人们尽管川流不息的这样蜂拥而来蜂拥而去，里莎夫人却时时刻刻在那儿露出你不知道是怀善意还是怀恶意的微笑。

从观赏《孟洛里莎》的群众回想到《孟洛里莎》的作者，我登时发生一种不调和的感触，从中世纪到现世纪，这中间有多么深多么广的一条鸿沟！中世纪的旅行家一天走上二百里已算飞快，现在坐飞艇不用几十分钟就可走几百里了。中世纪的著作家要发行书籍须得请僧侣或抄胥用手抄写，一个人朝于斯夕于斯的，一年还不定能抄完一部书；现在大书坊每日可出书万卷，任何人都可以出文集诗集了。中世纪许多书籍是新奇的，连在近代，以倍根、笛卡儿那样渊博，都没有机会窥亚理斯多德的全豹，近如包慎伯到三四十岁时才有一次机会借阅《十三经注疏》。现在图书馆林立，贩夫走卒也能博通上下古今了。中世纪画《孟洛里莎》的人须自己制画具自己配颜料，作一幅画往往须三年五载才可成功；现在美术家每日可以成几幅乃至于十几幅"创作"了。中世纪人想看《孟洛里莎》须和作者或他的弟子有交谊，真能欣赏他，才能徼倖一饱眼福；现在露浮尔宫好比十字街，任人来任人去了。

这是多么深多么广的一条鸿沟！据历史家说，我们已跨过了这鸿沟，所以我们现代文化比中世纪进步得多了。话虽如此说，而我对着《孟洛里莎》和观赏《孟洛里莎》的群众，终不免有所怀疑，有所惊惜。

在这个现世纪忙碌的生活中，那里还能找出三年不窥园、十年成一赋的人？那里还能找出深通哲学的磨镜匠，或者行乞读书的苦学生？现代科学和道德信条都比从前进步了，哪里还能迷信宗教崇尚侠义？我们固然没有从前人的呆气，可是我们也没有从前人的苦心与热情了。别的不说，就是看《孟洛里莎》也只像看破烂朝报了。

科学愈进步，人类征服环境的能力也愈大。征服环境的能力愈大，的确是人生一大幸福。但是它同时也易生流弊。困难日益少，而人类也愈把事情看得太容易，做一件事不免愈轻浮粗率，而坚苦卓绝的成就也便日益稀罕。比方从纽约到巴黎还像从前乘帆船时要经许多时日，冒许多危险，美国人穿过露浮尔宫决不会像他们穿过巴黎香碎沥雪街一样匆促。我很坚决的相信，如果美国人所谓"效率"（efficiency）以外，还有其他标准可估定人生价值，现代文化至少含有若干危机的。

　　"效率"以外究竟还有其他估定人生价值的标准么？要回答这个问题，我们最好拿法国越姆（Reims）、亚米安（Amiens）各处几个中世纪的大教寺和纽约一座世界最高的钢铁房屋相比较。或者拿一幅湘绣和杭州织锦相比较，便易明白。如只论"效率"，杭州织锦和纽约的钢铁房屋都是一样机械的作品，较之湘绣和越姆大教寺，费力少而效率差不多，总算没有可指摘之点。但是刺湘绣的闺女和建筑中世纪大教寺的工程师在工作时，刺一针线或叠一块砖，都要费若干心血，都有若干热情在后面驱遣，他们的心眼都钉在他们的作品上，这是近代只讲"效率"的工匠们所诧为呆拙的。织锦和钢铁房屋用意只在适用，而湘绣和中世纪建筑于适用以外还要能慰情，还要能为作者力量气魄的结晶，还要能表现理想与希望。假如这几点在人生和文化上自有意义与价值，"效率"决不是唯一的估定价值的标准，尤其不是最高品的估定价值的标准。最高品估定价值的标准一定要着重人的成分（human element），遇见一种工作不仅估量它的成功如何，还有问它是否由努力得来的，是否为高尚理想与伟大人格之表现。如果它是经过努力而能表现理想与人格的工作，虽然结果失败了，我们也得承认它是有价值的。这个道理白朗宁（Browning）在 Rabbi Ben Ezva 那篇诗里说得最精透，我不会翻译，只择几段出来让你自己去玩味：

Not on the vulgar Mass

Called "Work", must Sentence pass,

Things done, that took the eye and had the price

O' er which, from level stand,

The low world laid its hand,

Found straight way to its mind, could value in a trice：

But all, the world's Coarse thumb

And finger failed to thumb,

So passed in making up the main account：

All instincts immature,

All purposes unsure,

That weighed not as his work, yet swelled the man's amount：

Thoughts hardly to be packed

Into a narrow act,

Fancies that broke through Thoughts and escaped:

All I could never be

All, men ignored in me.

This I was worth to God, whose wheel the pitcher shaped.

这几段诗在我生平所给的益处最大。我记得这几句话，所以能惊赞热烈的失败，能欣赏一般人所嗤笑的呆气和空想，能景仰不计成败的坚苦卓绝的努力。

假如我的十二封信对于现代青年能发生毫末的影响，我尤其虔心默祝这封信所宣传的超"效率"的估定价值的标准能印入个个读者的心孔里去；因为我所知道的学生们、学者们和革命家们都太贪容易，太浮浅粗疏，太不能深入，太不能耐苦，太类似美国旅行家看《孟洛里莎》了。

光潜。

十二　谈人生与我

朋友：

我写了许多信，还没有郑重其事的谈到人生问题，这是一则因为这个问题实在谈滥了，一则也因为我看这个问题并不如一般人看得那样重要。在这最后一封信里我所以提出这个滥题来讨论者，并不是要说出什么一番大道理，不过把我自己平时几种对于人生的态度随便拿来做一次谈料。

我有两种看待人生的方法。在第一种方法里，我把我自己摆在前台，和世界一切人和物在一块玩把戏；在第二种方法里，我把我自己摆在后台，袖手看旁人在那儿装腔作势。

站在前台时，我把我自己看得和旁人一样，不但和旁人一样，并且和鸟兽虫鱼诸物也都一样。人类比其他物类痛苦，就因为人类把自己看得比其他物类重要。人类中有一部分人比其余的人苦痛，就因为这一部分人把自己比其余的人看得重要。比方穿衣吃饭是多么简单的事，然而在这个世界里居然成为一个极重要的问题，就因为有一部分人要亏人自肥。再比方生死，这又是多么简单的事，无量数人和无量数物都已生过来死过去了。一个小虫让车轮压死了，或者一朵鲜花让狂风吹落了，在虫和花自己都决不值得计较或留恋，而在人类则生老病死以后偏要加上一个苦字。这无非是因为人们希望造物真宰待他们自己应该比草木虫鱼特别优厚。

因为如此着想，我把自己看作草木虫鱼的侪辈，草木虫鱼在和风甘露中是那样活着，在炎暑寒冬中也还是那样活着。像庄子所说的，它们"诱然皆生，而不知其所以生；同焉皆得，而不知其所得"。它们时而戾天跃渊，欣欣向荣；时而含葩敛翅，晏然蛰处，都顺着自然所赋予的那一副本性。它们决不计较生活应该是如何，决不追究生活是为着什么，也决不埋怨上天待它们特薄，把它们供人类宰割凌虐。在它们说，生活自身就是方法，生活自身也就是目的。

从草木虫鱼的生活，我学得一个经验。我不在生活以外别求生活方法，不在生活以外别求生活目的。世间少我一个，多我一个，或者我时而幸运，时而受灾祸侵逼，我以为这都无伤天地之和。你如果问我，人们应该如何生活才好呢？我说，就顺着自然所给的本性生活着，像草木虫鱼一样。你如果问我，人们生活在这幻变无常的世相中究竟为着什么？我说，生活就是为着生活，别无其他目的。你如果向我埋怨天公说，人生是多么苦恼呵！我说，人们并非生在这个世界来享幸福的，所以那并不算奇怪。

这并不是一种颓废的人生观。你如果说我的话带有颓废的色彩，我请你在春天到百花齐放的园子里去，看看蝴蝶飞，听听鸟儿鸣，然后再回到十字街头，仔细瞧瞧人们的面孔，你看谁是活泼，谁是颓废？请你在冬天积雪凝寒的时候，看看雪压的松树，看看站在冰上的鸥和游在冰下的鱼，然后再回头看看遇苦便叫的那"万物之灵"，你以为谁比较能耐苦持恒呢？

我拿人比禽兽，有人也许目为异端邪说。其实我如果要援引"经典"，称道孔孟以辩护我的见解，也并不是难事。孔子所谓"知命"，孟子所谓"尽性"，庄子所谓"齐物"，宋儒所谓"扩然大公，物来顺应"，和希腊廊下派哲学，我都可以引申成一篇经义文，做我的护身符。然而我觉得这大可不必。我虽不把自己比旁人看得重要，我也不把自己看得比旁人分外低能，如果我的理由是理由，就不用仗先圣先贤的声威。

以上是我站在前台对于人生的态度。但是我平时很欢喜站在后台看人生。许多人把人生看作只有善恶分别的，所以他们的态度不是留恋，就是厌恶。我站在后台时把人和物也一律看待，我看西施、嫫母、秦桧、岳飞也和我看八哥、鹦鹉、甘草、黄连一样，我看匠人盖屋也和我看鸟鹊营巢、蚂蚁打洞一样，我看战争也和我看斗鸡一样，我看恋爱也和我看雄蜻蜓追雌蜻蜓一样。

因此，是非善恶对我都无意义，我只觉得对着这些纷纭扰攘的人和物，好比看图画，好比看小说，件件都很有趣味。

这些有趣味的人和物之中自然也有一个分别。有些有趣味，是因为它们带有很浓厚的喜剧成分；有些有趣味，是因为它们带有很深刻的悲剧成分。

我有时看到人生的喜剧。前天遇见一个小外交官，他的上下巴都光光如也，和人说话时却常常用大拇指和食指在腮旁捻一捻，像有胡须似的。他们说道是官气，我看到这种举动比看诙谐画还更有趣味。许多年前一位同事常常很气忿的向人说："如果我是一个女子，我至少已接得一尺厚的求婚书了！"偏偏他不是女子，这已经是喜剧；何况他又麻又丑，纵然他幸而为女子，也决不会有求婚书的麻烦，而他却以此沾沾自喜，这总算得喜剧之喜剧了。这件事和英国文学家高尔司密的一段逸事一样有趣。他有一次陪几个女子在荷兰某一个桥上散步，看见桥上行人个个都注意他同行的女子，而没有一个睬他自己，便板起面孔很气忿的说："哼，在别地方也有人这样看我咧！"如此等类的事，我天天都见得着。在闲静寂寞的时候，我把这一类的小小事件从记忆中召回来，寻思玩味，觉得比抽烟饮茶还更有味。老实说，假如这个世界中没有曹雪芹所描写的刘老老，没有吴敬梓所描写的严贡生，没有莫里哀所描写的达杜夫和夏白贡，生命更不值得留恋了。我感谢刘老老、严贡生一流人物，更甚于我感谢钱塘的潮和匡庐的瀑。

其次，人生的悲剧尤其能使我惊心动魄；许多人因为人生多悲剧而悲观厌世，我却以为人生有价值正因其有悲剧。我在几年前做的《无言之美》里曾说明这个道理，现在引一段来：

> 我们所居的世界是最完美的，就因为它是最不完美的。这话表面看去，不通已极，但是实含有至理。假如世界是完美的，人类所过的生活比好一点，是神仙的生活，比坏一点，就是猪的生活——便必呆板单调已极，因为倘若件件事都尽美尽善了，自然没有希望发生，更没有努力奋斗的必要。人生最可乐的就是活动所生的感觉，就是奋斗成功而得的快慰。世界既完美，我们如何能尝创造成功的快慰？这个世界之所以美满，就在有缺陷，就在有希望的机会，有想像的田地。换句话说，世界有缺陷，可能性才大。

这个道理李石岑先生在《一般》三卷三号所发表的《缺陷论》里也说得很透辟。悲剧也就是人生一种缺陷。它好比洪涛巨浪，令人在平凡中见出庄严，在黑暗中见出光彩。假如荆轲真正刺中秦始皇，林黛玉真正嫁了贾宝玉，也不过闹个平凡收场，哪得叫千载以后的人唏嘘赞叹？以李太白那样天才，偏要和江淹戏弄笔墨，做了一篇《拟恨赋》，和《上韩荆州书》一样庸俗无味。毛声山评《琵琶记》，说他有意要做"补天石"传奇十种，把古今几件悲剧都改个快活收场，他没有实行，总算是一件幸事。人生本来要有悲剧才能算人生，你偏想把它一笔勾消，不说你勾消不去，就是勾消去了，人生反更索然寡趣。所以我无论站在前台或站在后台时，对于失败，对于罪孽，对于殃咎，都是用一副冷眼看待，都是用一个热心惊赞。

朋友，我感谢你费去宝贵的时光读我的这十二封信，如果你不厌倦，将来我也许常常和你通信闲谈，现在让我暂时告别罢!

写过十二封信给你的朋友，光潜。

附一　无言之美

孔子有一天突然地很高兴地对他的学生说："予欲无言。"子贡就接着问他："子如不言，则小子何述焉？"孔子说："天何言哉？四时行焉，百物生焉。天何言哉？"

这段赞美无言的话，本来从教育方面着想。但是要想明了无言的意蕴，宜从美术观点去研究。

言所以达意，然而意决不是完全可以言达的。因为言是固定的、有迹象的，意是瞬息万变、飘渺无踪的。言是散碎的，意是混整的；言是有限的，意是无限的。以言达意，好像用继续的虚线画实物，只能得其近似。

所谓文学，就是以言达意的一种美术。在文学作品中，语言之先的意象和情绪意旨所附丽的语言，都要尽美尽善，才能引起美感。

尽美尽善的条件很多。但是第一要不违背美术的基本原理，要"和自然逼真"（true to nature）。这句话讲得通俗一点，就是说美术作品不能说谎。不说谎包含有两种意义：一、我们所说的话，就恰是我们所想说的话。二、我们所想说的话，我们都吐肚子说出来了，毫无余蕴。

意既不可以完全达之以言，"和自然逼真"一个条件在文学上不是做不到么？或者我们问得再直截一点，假使语言文字能够完全传达情意，假使笔之于书的和存之于心的铢两悉称，丝毫不爽，这是不是文学上所应希求的一件事？

这个问题是了解文学及其他美术所必须回答的。现在我们姑且答道：文字语言固然不能全部传达情绪意旨，假使能够，也并非文学所应希求的。一切美术作品也都是这样，尽量表现，非惟不能，而也不必。

先从事实下手研究。譬如有一个荒村或任何物体，摄影家把它照一幅相，美术家把它画一幅画。这种相片和图画可以从两个观点去比较：第一，相片或图画，哪一个较"和自然逼真"？不消说得，在同一视阈以内的东西，相片都可以包罗尽致，并且体积比例和实物都两两相称，不会有丝毫错误。图画就不然。美术家对一种境遇，未表现之先，先加一番选择。选择定的材料还须经过一番理想化，把美术家的人格参加进去，然后表现出来。所表现的只是实物一部分，就连这一部分也不必和实物完全一致。所以图画决不能如相片一样"和自然逼真"。第二，我们再问，相片和图画所引起的美感哪一个浓厚，所发生的印象哪一个深刻，这也不消说，稍有美术口胃的人都觉得图画比相片美得多。

文学作品也是同样。譬如《论语》："子在川上曰：'逝者如斯夫，不舍昼夜！'"几句话决没完全描写出孔子说这番话时候的心境，而"如斯夫"三字更笼统，没有把当时的流水形容尽致。如果说详细一点，孔子也许这样说："河水滚滚地流去，日夜都是这样，没有一刻停止。世界上一切事物不都像这流水时常变化不尽么？过去的事物不就永远过去绝不回头么？我看见这流水心中好不惨伤呀！……"但是纵使这样说去，还没有尽意。而比较起来，"逝者如斯夫，不舍昼夜"九个字比这段长而臭的演义就值得玩味多了！在上等文学作品中，——尤其在诗词中——这种言不尽意的例子处处都可以看见。譬如陶渊明的《时运》，"有风自南，翼彼新苗"；《读〈山海经〉》，"微雨从东来，好风与之俱"，本来没有表现出诗人的情绪，然而玩味起来，自觉有一种闲情逸致，令人心旷神怡。钱起的《省试湘灵鼓瑟》末二句，"曲终人不见，江上数峰青"，也没有说出诗人的心绪，然而一种凄凉惜别的神情自然流露于言语之外。此外像陈子昂的《幽州台怀古》："前不见古人，后不见来者。念天地之幽幽，独怆然而泪下！"李白的《怨情》："美人卷珠帘，深坐颦蛾眉。但见泪痕湿，不知心恨谁。"虽然说明了诗人的情感，而所说出来的多么简单，所含蓄的多么深远？再就写景说，无论何种境遇，要描写得唯妙唯肖,都要费许多笔墨。但是大手笔只选择两三件事轻描淡写一下,完全境遇便呈露眼前,栩栩欲生。譬如陶渊明的《归园田居》:"方宅十余亩,草屋八九间。榆柳阴后檐,桃李罗堂前。暧暧远人村,依依墟里烟。狗吠深巷中,鸡鸣桑树巅。"四十字把乡村风景描写多么真切!再如杜工部的《后出塞》:"落日照大旗,马鸣风萧萧。平沙列万幕,部伍各见招。中天悬明月,令严夜寂寥。悲笳数声动,壮士惨不骄。"寥寥几句话,把月夜沙场状况写得多么有声有色,然而仔细观察起来,乡村景物还有多少为陶渊明所未提及,战地情况还有多少为杜工部所未提及。从此可知文学上我们并不以尽量表现为难能可贵。

在音乐里面,我们也有这种感想,凡是唱歌奏乐,音调由洪壮急促而变到低微以至于无声的时候,我们精神上就有一种沉默渊穆和平愉快的景象。白香山在《琵琶行》里形容琵琶声音暂时停顿的情况说:"水泉冷涩弦凝绝,凝绝不通声暂歇。别有幽愁暗恨生,此时无声胜有声。"这就是形容音乐上无言之美的滋味。著名英国诗人溪兹(Keats)在《希腊花瓶歌》也说,"听得见的声调固然幽美,听不见的声调尤其幽美"(Heard melodies are sweet;but those unheard are sweeter),也是说同样道理。大概喜欢音乐的人都尝过此中滋味。

就戏剧说,无言之美更容易看出。许多作品往往在热闹场中动作快到极重要的一点时,忽然万籁俱寂,现出一种沉默神秘的景象。梅特林（Maeterlinck）的作品就是好例。譬如《青鸟》的布景，择夜阑人静的时候，使重要角色睡得很长久，就是利用无言之美的道理。梅氏并且说："口开则灵魂之门闭，口闭则灵魂之门开。"赞无言之美的话不能比此更透辟了。莎氏比亚的名著《哈姆列特》一剧开幕便描写更夫守夜的状况，德林瓦特（Drinkwater）在其《林肯》中描写林肯在南北战争军事旁午的时候跪着默祷，王尔德（O．Wilde）的《文德米夫人的扇子》里面描写文德米夫人私奔在她的情人寓所等候的状况，都在兴酣局紧，心悬悬渴望结局时，放出沉默神秘的色彩，都足以证明无言之美的。近代又有一种哑剧和静的布景，或只有动作而无言语，或连动作也没有，就专靠无言之美引人入胜了。

雕刻塑像本来是无言的，也可以拿来说明无言之美。所谓无言，不一定指不说话，是注重在含蓄不露。雕刻以静体传神，有些是流露的，有些是含蓄的。这种分别在眼睛上尤其容易看见。中国有一句谚语说，"金刚怒目，不如菩萨低眉"。所谓怒目，便是流露；所谓低眉，便是含蓄。凡看低头闭目的神像，所生的印象往往特别深刻。最有趣的就是西洋爱神的雕刻，她们男女都是瞎了眼睛。这固然根据希腊的神话，然而实在含有美术的道理，因为爱情通常都在眉目间流露，而流露爱情的眉目是最难比拟的。所以索性雕成盲目，可以耐人寻思。当初雕刻家原不必有意为此，但这些也许是人类不用意识而自然碰着的巧。

要说明雕刻上流露和含蓄的分别，希腊著名雕刻《拉阿孔》（Laocoon）是最好的例子。相传拉阿孔犯了大罪，天神用了一种极惨酷的刑法来惩罚他，遣了一条恶蛇把他和他的两个儿子在一块绞死了。在这种极刑之下，未死之前当然有一种悲伤惨慽目不忍睹的一顷刻，而希腊雕刻家并不擒住这一顷刻来表现，他只把将达苦痛极点前一顷刻的神情雕刻出来，所以他所表现的悲哀是含蓄不露的。倘若是流露的，一定带了挣扎呼号的样子。这个雕刻，一眼看去，只觉得他们父子三人都有一种难言之恫；仔细看去，便可发见条条筋肉根根毛孔都暗示一种极苦痛的神情。德国蓝森（Lessing）的名著《拉阿孔》就根据这个雕刻，讨论美术上含蓄的道理。

以上是从各种艺术中信手拈来的几个实例。把这些个别的实例归纳在一起，我们可以得一个公例，就是：拿美术来表现思想和情感，与其尽量流露，不如稍有含蓄；与其吐肚子把一切都说出来，不如留一大部分让欣赏者自己去领会。因为在欣赏者的头脑里所生的印象和美感，有含蓄比较尽量流露的还要更加深刻。换句话说，说出来的越少，留着不说的越多，所引起的美感就越大越深越真切。

这个公例不过是许多事实的总结束。现在我们要进一步求出解释这个公例的理由。我们要问何以说得越少，引起的美感反而越深刻？何以无言之美有如许势力？

想答复这个问题，先要明白美术的使命。人类何以有美术的要求？这个问题本非一言可尽。现在我们姑且说，美术是帮助我们超脱现实而求安慰于理想境界的。人类的意志可向两方面发展：一是现实界，一是理想界。不过现实界有时受我们的意志支配，有时不受我们的意志支配。譬如我们想造一所房屋，这是一种意志。要达到这个意志，必费许多气力去征服现实，要开荒辟地，要造砖瓦，要架梁柱，要赚钱去请泥水匠。这些事都是人力可以办到的，都是可以用意志支配的。但是我们的意志想造一座空中楼阁。现实界凡物皆向地心下坠一条定律，就不可以用意志征服。所以意志在现实界活动，处处遇障碍，处处受限制，不能圆满地达到目的，实际上我们的意志十之八九都要受现实限制，不能自由发展。譬如谁不想有美满的家庭？谁不想住在极乐国？然而在现实界决没有所谓极乐美满的东西存在。因此我们的意志就不能不和现实发生冲突。

　　一般人遇到意志和现实发生冲突的时候，大半让现实征服了意志，走到悲观烦闷的路上去，以为件件事都不如人意，人生还有什么意味？所以堕落、自杀、逃空门种种的消极的解决法就乘虚而入了，不过这种消极的人生观不是解决意志和现实冲突最好的方法。因为我们人类生来不是懦弱者，而这种消极的人生观甘心让现实把意志征服了，是一种极懦弱的表示。

　　然则此外还有较好的解决法么？有的，就是我所谓超脱现实。

我们处世有两种态度，人力所能做到的时候，我们竭力征服现实。人力莫可奈何的时候，我们就要暂时超脱现实，储蓄精力待将来再向他方面征服现实。超脱到那里去呢？超脱到理想界去。现实界处处有障碍有限制，理想界是天空任鸟飞，极空阔极自由的。现实界不可以造空中楼阁，理想界是可以造空中楼阁的。现实界没有尽美尽善，理想界是有尽美尽善的。

姑取实例来说明。我们走到小城市里去，看见街道窄狭污浊，处处都是阴沟厕所，当然感觉不快，而意志立时就要表示态度。如果意志要征服这种现实哩，我们就要把这种街道房屋一律拆毁，另造宽大的马路和清洁的房屋。但是谈何容易？物质上发生种种障碍，这一层就不一定可以做到。意志在此时如何对付呢？他说：我要超脱现实，去在理想界造成理想的街道房屋来，把它表现在图画上，表现在雕刻上，表现在诗文上。于是结果有所谓美术作品。美术家成了一件作品，自己觉得有创造的大力，当然快乐已极。旁人看见这种作品，觉得它真美丽，于是也愉快起来了，这就是所谓美感。

因此美术家的生活就是超现实的生活；美术作品就是帮助我们超脱现实到理想界去求安慰的。换句话说，我们有美术的要求，就因为现实界待遇我们太刻薄，不肯让我们的意志推行无碍，于是我们的意志就跑到理想界去求慰情的路径。美术作品之所以美，就美在它能够给我们很好的理想境界。所以我们可以说，美术作品的价值高低就看它超现实的程度大小，就看它所创造的理想世界是阔大还是窄狭。

但是美术又不是完全可以和现实界绝缘的。它所用的工具——例如雕刻用的石头，图画用的颜色，诗文用的语言——都是在现实界取来的。它所用的材料——例如人物情状悲欢离合——也是现实界的产物。所以美术可以说是以毒攻毒，利用现实的帮助以超脱现实的苦恼。上面我们说过，美术作品的价值高低要看它超脱现实的程度如何。这句话应稍加改正，我们应该说，美术作品的价值高低，就看它能否借极少量的现实界的帮助，创造极大量的理想世界出来。

在实际上说，美术作品借现实界的帮助愈少，所创造的理想世界也因而愈大。再拿相片和图画来说明。何以相片所引起的美感不如图画呢？因为相片上一形一影，件件都是真实的，而且应有尽有，发泄无遗。我们看相片，种种形影好像钉子把我们的想像力都钉死了。看到相片，好像看到二五，就只能想到一十，不能想到其他数目。换句话说，相片把事物看得忒真，没有给我们以想像余地。所以相片只能抄写现实界，不能创造理想界。图画就不然。图画家用美术眼光，加一番选择的功夫，在一个完全境遇中选择了一小部分事物，把它们又经过一番理想化，然后才表现出来。惟其留着一大部分不表现，欣赏者的想象力才有用武之地。想象作用的结果就是一个理想世界。所以图画所表现的现实世界虽极小而创造的理想世界则极大。孔子谈教育说："举一隅不以三隅反，则不复也。"相片是把四隅通举出来了，不要你劳力去"复"。图画就只举一隅，叫欣赏者加一番想象，然后"以三隅反"。

流行语中有一句说："言有尽而意无穷。"无穷之意达之以有尽之言，所以有许多意，尽在不言中。文学之所以美，不仅在有尽之言，而尤在无穷之意。推广地说，美术作品之所以美，不是只美在已表现的一小部分，尤其是美在未表现而含蓄无穷的一大部分，这就是本文所谓无言之美。

因此美术要"和自然逼真"一个信条应该这样解释："和自然逼真"是要窥出自然的精髓所在，而表现出来；不是说要把自然当作一篇印版文字，很机械地抄写下来。

这里有一个问题会发生。假使我们欣赏美术作品，要注重在未表现而含蓄着的一部分，要超"言"而求"言外意"，各个人有各个人的见解，所得的言外意不是难免殊异么？当然，美术作品之所以美，就美在有弹性，能拉得长，能缩得短。有弹性所以不呆板。同一美术作品，你去玩味有你的趣味，我去玩味有我的趣味。譬如莎氏乐府所以在艺术上占极高位置，就因为各种阶级的人在不同的环境中都欢喜读它。有弹性，所以不陈腐。同一美术作品，今天玩味有今天的趣味，明天玩味有明天的趣味。凡是经不得时代淘汰的作品都不是上乘。上乘文学作品，百读都令人不厌的。

就文学说，诗词比散文的弹性大；换句话说，诗词比散文所含的无言之美更丰富。散文是尽量流露的，愈发挥尽致，愈见其妙。诗词是要含蓄暗示，若即若离，才能引人入胜。现在一般研究文学的人都偏重散文——尤其是小说。对于诗词很疏忽。这件事实可以证明一般人文学欣赏力很薄弱。现在如果要提高文学，必先提高文学欣赏力；要提高文学欣赏力，必先在诗词方面特下功夫，把鉴赏无言之美的能力养得很敏捷。因此我很望文学创作力在诗词方面多努力，而学校国文课程中诗歌应该占一个重要的位置。

本文论无言之美，只就美术一方面着眼。其实这个道理在伦理、哲学、教育、宗教及实际生活各方面，都不难发见。老子《道德经》开卷便说："道可道，非常道；名可名，非常名。"就是说伦理哲学中有无言之美。儒家谈教育，大半主张潜移默化，所以拿时雨春风做比喻。佛教及其他宗教之能深入人心，也是借沉默神秘的势力。幼稚园创造者蒙特梭利利用无言之美的办法尤其有趣。在她的幼稚园里，教师每天趁儿童顽得很热闹的时候，猛然地在粉板上写一个"静"字，或奏一声琴。全体儿童于是都跑到自己的座位去，闭着眼睛蒙着头伏案做假睡的姿势，但是他们不可睡着。几分钟后，教师又用很轻微的声音，从颇远的地方呼唤各个儿童的名字。听见名字的就要立刻醒起来。这就是使儿童可以在沉默中领略无言之美。

就实际生活方面说，世间最深切的莫如男女爱情。爱情摆在肚子里面比摆在口头上来得恳切。"齐心同所愿，含意俱未伸"和"但无言语空相觑"，比较"细语温存"、"怜我怜卿"的滋味还要更加甜蜜。英国诗人勃莱克(Blake)有一首诗叫做《爱情之秘》(Love's Secret) 里面说：

> （一）切莫告诉你的爱情，
>
> 　　　爱情是永远不可以告诉的，
>
> 　　　因为她像微风一样，
>
> 　　　不做声不做气的吹着。
>
> （二）我曾经把我的爱情告诉而又告诉，
>
> 　　　我把一切都披肝沥胆地告诉爱人了，
>
> 　　　打着寒颤，耸头发地告诉，
>
> 　　　然而她终于离我去了！
>
> （三）她离我去了，
>
> 　　　不多时一个过客来了。
>
> 　　　不做声不做气地，只微叹一声，
>
> 　　　便把她带去了。

这首短诗描写爱情上无言之美的势力，可谓透辟已极了。

本来爱情完全是一种心灵的感应，其深刻处是老子所谓不可道不可名的。所以许多诗人以为"爱情"两个字本身就太滥太寻常太乏味，不能拿来写照男女间神圣深挚的情绪。

其实何只爱情？世间有许多奥妙，人心有许多灵悟，都非言语可以传达，一经言语道破，反如甘蔗渣滓，索然无味。这个道理还可以推到宇宙人生诸问题方面去。我们所居的世界是最完美的，就因为它是最不完美的。这话表面看去，不通已极，但是实在含有至理。假如世界是完美的，人类所过的生活——比好一点，是神仙的生活，比坏一点，就是猪的生活——便呆板单调已极，因为倘若件件都尽美尽善了，自然没有希望发生，更没有努力奋斗的必要。人生最可乐的就是活动所生的感觉，就是奋斗成功而得的快慰。世界既完美，我们如何能尝创造成功的快慰？这个世界之所以美满，就在有缺陷，就在有希望的机会，有想像的田地。换句话说，世界有缺陷，可能性（potentiality）才大。这种可能而未能的状况就是无言之美。世间许多奥妙，要留着不说出；世间有许多理想，也应该留着不实现。因为实现以后，跟着"我知道了"的快慰便是"原来不过如是"的失望。

天上的云霞有多么美丽！风涛虫鸟的声息有多么和谐！用颜色来摹绘，用金石丝竹来比拟，任何美术家也是作践天籁，糟蹋自然！无言之美何限？让我这种拙手来写照，已是糟粕枯骸！这种罪过我要完全承认的。倘若有人骂我胡言乱道，我也只好引陶渊明的诗回答他说："此中有真味，欲辨已忘言！"

十三年仲冬脱稿于上虞白马湖畔

附二 悼夏孟刚

此稿曾载立达学园校刊，因为可以代表我对于自杀的意见，所以特载于此。

十七年二月孟实注

今晨接得慕陶和澄弟的信，知道夏孟刚已于四月十二日服衰化钾自杀了。近来常有人世凄凉之感，听了孟刚的噩耗，烦忧隐恸，益觉不能自禁。

我在吴淞中国公学时，孟刚在我所教的学生中品学最好，而我属望于他也最殷，他平时沉静寡言语，但偶有议论，语语都来自衷曲，而见解也非一般青年所能及。那时他很喜欢读托尔斯泰，他的思想，带有很深的托氏人生观的印痕。我有一个时期，也受过托尔斯泰的熏沐。我自惭性根浅薄，有些地方不能如孟刚之澈底深入；可是我们的心灵究竟有许多类似，所以一接触后，能交感共鸣。

中国公学阻于兵争以后，孟刚入浦东中学，我转徙苏浙，彼此还数相见。在这个时期，他介绍我认识了他的哥哥。他的父亲曾经在我的母校桐城中学当过教师。因此我们情感上更加一层温慰。江湾立达学园成立后，孟刚遂舍浦东来学江湾。我因亟于去国，正想寻机会同他作一次深谈，他突然间得了父病的消息，就匆匆别我返松江叶榭了。

今年一月中，他来一封信，里面有这一段话：

> 您启程赴英的时候，我在家中不能听到"我去了"三字，至以为憾。我近来觉人生太无意味；我觉得世界上很少真正的同情者，——除去母性的外，也许绝无，——我觉得我是不可再活在世上和人类接触了；而尤其使我悲伤的就是我本来可以向他发发牢骚的哥哥已于暑假中死于北京，继而我的父亲也病没了。也许我过去的生活太偏于情感，——或太偏于理智。或者我的天性如此。我知道我请您教我，是无效果的，但是我又觉着不可不领领您的教。

我读过这封信为之悒然许久。我很疑虑我所属望最殷的孟刚或者于悲恸父兄之丧外，又不幸别触尘网。青年人大半都免不掉烦闷时期。但是我相信孟刚终当自能解脱。寄了一部哥德的《梅思特游学记》给他读，希望他在这本书中能发现他所未曾见到的人生又一面。孟刚具有很强烈的感受伟大心灵之暗示的能力，我很希望他能私淑哥德抛开轻生的念头，替人类多造些光；哪里知道孟刚在写信给我的时候，就有自杀的决心，而那封信竟成绝笔！

孟刚自杀的近因，我不甚明了。但是就他的性格和遭际说，这次举动也不难解释。他不属于任何宗教，而宗教的情感则甚强烈。他对于世人的罪恶，感觉过于锐敏。托尔斯泰的影响本应该可以使他明了赦宥的美；可是他的性情耿介孤洁，不屑与世浮沉，只能得托氏之深的方面，未能得托氏之广的方面，其结果乃走于极端而生反动。孟刚固深于情者，慈爱的父兄既先后弃世，而友朋中能了解他心的深处者又甚寥寥。于此寥阔冷清的世界中，孟刚乃不幸又受命运之神最后的揶揄，而绝望于理想的爱。这些情境相凑合，孟刚遂恝然抛开垂暮的慈母而自杀了。

我不愿像柏拉图、叔本华一般人以伦理眼光抨击自杀。生的自由倘若受环境剥夺了，死的自由谁也不能否认的。人们在罪恶苦痛里过活，有许多只是苟且偷生，觍然不知耻。自杀是伟大意志之消极的表现。假如世界没有中国的屈原、希腊的仞诺（Zeno）、罗马的圣纳卡（Seneca）一类人的精神，其卑污顽茶，恐更不堪言状了。

人生是最繁复而诡秘的，悲字乐字都不足以概其全。愚者拙者混混沌沌地过去，反倒觉庸庸多厚福。具有湛思慧解的人总不免苦多乐少。悲观之极，总不出乎绝世绝我两路。自杀是绝世而兼绝我。但是自杀以外，绝非别无他路可走，最普通的是绝世而不绝我，这条路有两分支。一种人明知人世悲患多端而生命终归于尽，乃力图生前欢乐，以诙谐的眼光看游戏似的世事，这是以玩世为绝世的。此外也有些人既失望于人世欢乐之无常，而生老病死，头头是苦，于是遁入空门，为未来修行，这是以逃世为绝世的。苏曼殊的行迹大半还在一般人的记忆中。他是想逃世而终于止做到玩世的。玩世者与逃世者都只能绝世而不能绝我。不能绝世，便不能无赖于人。牵绊既未断尽，而人世忧患乃有时终不能不随之俱来。所以玩世与逃世，就人说，为不道德；就己说，为不澈底。衡量起来，还是自杀为直截了当。

自杀比较绝世而不绝我，固为澈底，然而较之绝我而不绝世，则又微有欠缺。什么叫做"绝我而不绝世"？就是流行语中所谓"舍己为群"，不过这四字用滥了，因而埋没了真义。所谓"绝我"，其精神类自杀，把涉及我的一切忧苦欢乐的观念一刀斩断。所谓"不绝世"，其目的在改造，在革命，在把现在的世界换过面孔，使罪恶苦痛，无自而生。这世界是污浊极了，苦痛我也够受了。我自己姑且不算吧，但是我自己堕入苦海了，我决不忍眼睁睁地看别人也跟我下水。我决计要努力把这个环境弄得完美些，使后我而来的人们免得再尝受我现在所尝受的苦痛，我自己不幸而为奴隶，我所以不惜粉身碎骨，努力打破这个奴隶制度，为他人争自由，这就是绝我而不绝世的态度。持这个态度最显明的要算释迦牟尼，他一身都是"以出世的精神，做入世的事业"。佛教到了末流，只能绝世而不能绝我，与释迦所走的路恰相背驰，这是释迦始料不及的。古今许多哲人、宗教家、革命家，如墨子，如耶稣，如甘地，都是从绝我出发到绝世的路上的。

假如孟刚也努力"以出世的精神，做入世的事业"，他应该能打破几重使他苦痛而将来又要使他人苦痛的孽障。

但是，孟刚死了，幽明永隔，这番话又向谁告诉呢！

一九二六,五月十八夜半于爱丁堡

附三　朱光潛给朱光潛

——为《给青年的十三封信》

光潛先生：

　　今天接到上海的朋友寄来一部书，打开来一看，使我吃了一惊。封面上题的是"致青年"，"朱光潛著"。旁边又附注"给青年的十三封信"字样。我第一眼把大名中的"潛"字看成"潛"字。我不知道是因为幻觉还是因为虚荣，不假思索地就把你的大著误认为我自己的了，这得请你原谅。第一，"朱光潛"和"朱光潛"在字面上实在太相像了。第二，叫做"朱光潛"的我也曾写过一部小册子叫做《给青年的十二封信》，而且我的《谈美》也被书店在封面上附注过"给青年的第十三封信"字样。第三，你的大著和我的拙作的封面图案也大致相同，也是在一些直线中间嵌了一些星星。你想，这也难怪我错认，而且错的也不只我一个人。寄大著给我看的那位朋友原先也把你看作我。他在信上说，"在书摊上来回翻这书，越看越不像你写的，所以买了来给你看"，下面他还说了一句失敬的话，我不援引罢。你看，他在书摊上"来回"翻这书，"越看"才发觉"越不像我写的"。他是知道我的人，不知道我的人们不容易发觉你的大著不是我写的，恐怕更可原谅吧？

　　光潜先生，我不认识你，但是你的面貌、言动、姿态、性格等等，为了以上所说的一点偶然的因缘，引动了我的很大的好奇心。我心里现在想像揣摩你像什么样的一个人。许多事都是不戳穿的好，所以我希望你在我心里永远保存这一点含有问题的神秘性。但是我也想把心里想说的话说给你听。不认识你而写信给你，似乎有些唐突。请你记得我是你的一个读者。如果这个资格不够。那只得怪你姓朱名光潜,而又写《给青年的十三封信》了！

　　头一层，我应该向你忏悔。我在写《给青年的十二封信》时，自己还是一个青年。那时候我的朋友夏丏尊先生办了一个给中学生看的刊物，叫做《一般》，要我写一点稿子，我就把随时感触到的随时写成书信寄给他，里面固然有些是以中学生为对象而写的，但是大部分是私人切身的感想。我从头到尾都是看着自己的心去写，绝对没有"教训"人的念头，更谈不上想到借这些处女作去出锋头或是赚稿费。我根本不相信任何人可以自居"先进者"的地位去"教导"青年，而且能够把青年"教导"得好。就我自己的经验说，我在青年时代最得益的并不是师长的义正辞严的教训，而是像我一般的年青的朋友们对于他们自己的内心冲突、挣扎、怀疑、信仰所下的忠实的剖白。这种剖白引起我的同情、印证、感动和回思。我不断地受这种心灵的激动，也就不断地获到心灵的发展。从此我深深地感觉到卢梭在《爱弥儿》里说的导师和生徒的年龄应相仿佛的话，含有极大的智慧。自己是青年，才能够真正地和青年做朋友，才能彼此都觉得是一伙子的人，不论是甜的苦的，大家都可以互相契合，互相同情，这样才能彼此互相观摩激发。我现在看到自己从前写的《给青年的十二封信》，心里实在惭愧。我想每个成年人回想到他在童年时代的稚气和愚骏，都不免有些惭愧。但是我的那部小册子也正因为那一点坦坦白白地流露出来的稚气和愚骏，博得一般青年的爱好。我本来是他们中间的一个人，我的忧愁、我的喜悦也都是他们的忧愁和他们的喜悦，我"吐肚子"向他们谈心事，他们觉得和我同情同感。这对于他们有益还是有害，我和他们都不十分较量到。我对于青年的关系原来不过如此。后来那部小册子流行很广，我便以《给青年的十二封信》的作者的资格，被好些本不相识的人们认识了。到现在和新朋友们见面，还常被人用这个头衔来介绍我。他们甚至于用什么"教导青年"的字样来夸奖我。我有时为这件事不但觉得羞愧，也很觉得愤慨。我本来厌恶"教导青年"的话头，现在居然被人以"教导青年"的字样安在我的头上，这就是坦白地流露稚气和愚骏的报酬或惩罚么？

光潜先生，你不防这前车之鉴，别的不说，你就不怕"蹈覆辙"的危险么？你的大著，我因为时间匆忙，并没有从头到尾的细读，只约略地这里翻一点那里翻一点看了一看。我也稍微有一点感想。第一层，我钦佩你的坦白。你自称"少年文人"，"先进者"，"对于文学的嗜欲最少已有十年的历史"，"尝遍了多少苦痛，碰着了多少钉子"，你援引"政治部、军队里的革命青年，大半是爱好文学的"一件事例做断定"说什么献身于文学的人都是柔弱而无可为的人，尤其是荒谬极点"的"铁证"，你承认——这里我抄你一段话，以免断章取义之嫌。

　　　　我观得现在一般青年的确有些"发表狂"！……大多的青年只怪为什么登起来的文章总是那几个名人做的，自己的为什么不给登载出，他没有计及人家的作品怎样的，自己的作品又是怎样，这是现代一般爱好文学的青年的病态的心理，我深深地感到自己常有这种病态心理。还可武断地说你也未始没有这种心理的。这种心理的终点，养成功想"出风头"，"要稿费"，没有心思和勇气去探讨文学了，这是何等的危险啊！

　　我觉得你这番话都是对的。其次，我钦佩你的自信。你劝人说，"当我们自己的作品还未达十分健全之前，还是以不发表的为妙"。现在你发表的当然是"十分健全"了。你"认为自己只受了不大高深的教育，尚能写一二篇不十分不通的文章，根柢还是基于几个重要的转变的读书过程"。先生，你写这几句话的时候，曾经较量一番没有？你给青年的教训有许多很有趣味，最难得的是走到难关，你轻轻地就溜过去了。姑举三例如下：

> 青年的恋爱是需要的，但倘使是太"迫切"了，太"急"了，便要生出烦闷来，这便是自讨苦吃了。
> 读书要有兴趣。读书时以为这是强迫做的工作，那就糟了。兴趣是第一要事，如读最索然无味的数学哲学等等，亦要当它是有趣之事。
> 要想作文的人，突然文兴勃发，极要写出一点东西，但一提着笔，却又半个字都写不出，只得闷闷地坐下。……大胆的说一句，每个青年作家，当开始要作文的时候，总要尝到这种苦闷，于是作文的方法，便应了需要而风起云涌的起来了。

如此等类的口吻在大著中每篇都可以看见。你在给"芬"的信里劈头一句是：

> 第一封信刚刚发出，第二封信又接踵的来了。因为我知道你接到第一封时，一定会感觉到我的说话不错。

收尾一句是：

帘外雨潺潺，春意阑珊，我很想你呢！芬。

我看到这些地方时，第一个冲动是想说一句"挖苦话"，但是我缺乏"幽默风趣"，这一点冲动立刻就被一阵"世道人心之忧"压倒了。先生在第一封"致少年文人"的信里说：

如果欲以"文学"为灿烂的头衔，或要以"文学"去换饭吃，便成了严重的病态。

这种"严重的病态"，先生也许不得不承认，在现在中国文坛似乎已经很流行了。怎么办呢？我本也想对于这种"严重的病态"发一点议论，继而想起这事也非"口舌之争"所可了事，所以把笔放下，虽然心里还有些怅惘，不能把这事轻轻地放下。

几乎和你同姓名的朋友 朱光潜。

四月三日，北平

（载 1936 年 4 月 16 日《申报》）

代跋 "再说一句话"

朋友：

薰宇兄来信说他们有意把十二封信印成单行本，我把原稿复看一遍，想起冠在目录前页的白朗宁写完《五十个男与女》时在《再说一句话》中所说的那一个名句。

拿这本小册子和《男与女》并提，还不如拿蚂蚁所负的一粒谷与骆驼所负的千斤重载并提。但是一粒谷虽比千斤重载差得远，而蚂蚁负一粒谷却也和骆驼负千斤重载，同样卖力气。所以就蚂蚁的能力说，他所负的一粒谷其价值也无殊于骆驼所负的千斤重载。假如这个比拟可以作野人献曝的借口，让我渎袭白朗宁的名句，将这本小册子奉献给你吧。

"我的心寄托在什么地方，让我的脑也就寄托在那里。"这句话对于我还另有一个意义。我们原始的祖宗们都以为思想是要用心的。"心之官则思"，所以"思"和"想"字都从"心"。西方人从前也是这样想，所以他们尝说："我的心告诉我如此如此。"据说近来心理学发达，人们思想不用心而用脑了。心只是管血液循环的。据威廉·哲姆士派心理学家说，感情就是血液循环的和内脏移迁的结果。那末，心与其说是运思的不如说是生情的。科学家之说如此。

从前有一位授我《说文解字》的姚明晖老夫子要沟通中西，说思想要用脑，中国人早就知道了。据他说，思想的"思"字上部分的篆文并不是"田"字，实在是象脑形的。他还用了许多考据，可惜我这不成器的学生早把他丢在九霄云外了。国学家之说如此。

说来也很奇怪。我写这几篇小文字时，用心理学家所谓内省方法，考究思想到底是用心还是用脑，发见思想这件东西与其说是由脑里来的，还不如说是由心里来的，较为精当（至少在我是如此）。我所要说的话，都是由体验我自己的生活，先感到(feel)而后想到(think)的。换句话说，我的理都是由我的情产生出来的，我的思想是从心出发而后再经过脑加以整理的。

这番闲话用意不在夸奖我自己"用心"思想，也不在推翻科学家思想用脑之说，尤其不在和杜亚泉先生辩"情与理"。我承认人生有若干喜剧才行，所以把这种痴人的梦想随便说出博诸君一粲。

光潜。

附录

再谈青年与恋爱结婚

——答王毅君

《中央周刊》编辑先生：

承转示王毅君一文，已细读。我很感谢王毅君站在青年人的立场对于我的《谈青年与恋爱结婚》一文表示异议。我的是一个看法，他不否认；他的是一个看法，我也不否认。我无暇详辩，只提出两点作答：

一，王毅君似没有把原文看清楚，有断章取义之嫌。我没有权，更没有理由要"压制"青年人的爱情，我一再申明我"不反对男女青年的正常交接"，"在男女社交公开中，遇恋爱自然很可能"，我只说青年人有不适宜于性爱的理由，但我也承认现代青年所受的性生活影响不很健康，想他们不在性爱上劳心焦思是很难能。我提出两种自然的方法引导青年撇开恋爱和结婚的路，一是精力有所发挥，二是同情心得到滋养。这两层做到了，他们虽有"遇"恋爱的可能，却无"谋"恋爱的必要。我赞成"遇"，不赞成"谋"，也不赞成"压制"。

二，我也很知道，劝青年人不恋爱，有些不合时宜，不免引起他们"苦痛的迷惘"，甚至"顽皮的抗议"。但是我终于说出这一番不中听的话，也有一片苦口婆心。我觉得恋爱结婚是生物的事实，也是社会的事实，就要用生物学、社会学和连带的心理学的观点去看，不应带有浪漫或神秘的意味，而现代中国青年的恋爱观仍不免是浪漫的、神秘的；他们醉梦于十九世纪歌颂恋爱的一套理论中，而不知其已不适宜于现代生活。现代西方青年已比较地能够不从诗的幻梦而从科学的冷眼去看恋爱了。我相信这是必有的演变。中国青年迟早自然也会醒觉。醒觉到什么呢？结婚是为传种，恋爱是结婚的准备；最适宜的恋爱期是最适宜的结婚期，最适宜的结婚期是身心发育完全而能力足以教养子女的时期。恋爱结婚是一种义务而不是一种可作为娱乐的把戏。中国古时男子三十而娶，近代西方人大致也是如此，也正因为这是身心发育完全而能力足以教养子女的年龄，所以我以为三十岁左右讲恋爱，准备结婚，比较适当。

王毅君主张青年人应当恋爱的理由是"爱上一位小姐，所以在功课上特别想出风头，生活也紧张，衣冠也整齐了，行事也不随便了"。这也许是事实，但是我因而联想到原始社会的人敬神，和敬神的影响仿佛相似，甚至于敬神的心理动机也很相似。王君的恋爱观应该过去，犹如神道设教的社会应该过去是同一个道理。世间没有神，没有神仙似的人，我们应该仍然有理由，而且有方法，去做好人。

（载《中央周刊》第 5 卷第 28 期，1943 年 2 月）

谈理想的青年

朋友：

你问我一个青年应该悬什么样一个标准，做努力进修的根据。我觉得这问题很难笼统地回答，因为人与人在环境、资禀、兴趣各方面都不相同，我们不能定一个刻板公式来适用于每个事例。不过无论一个人将来干哪一种事业，我以为他都需要四个条件。

头一项是运动选手的体格。我把这一项摆在第一，因为它是其他各种条件的基础。我们民族对于体格向来不很注意。无论男女，大家都爱亭亭玉立、弱不禁风那样的文雅。尤其在知识阶级，黄皮刮瘦，弯腰驼背，几乎是一种公同的标帜。说一个人是"纠纠武夫"，就等于骂了他。我们都以"精神文明"自豪，只要"精神"高贵，肉体值得什么？这种错误的观念流毒了许多年代，到现在我们还在受果报。我们在许多方面都不如人，原因并不在我们的智力低劣。就智力说，我们比得上世界上任何民族。我们所以不如人者，全在旁人到六七十岁还能奋发有为，而我们到了四十岁左右就逐渐衰朽；旁人可以有时间让他们的学问事业成熟，而我们往往被逼迫中途而废；旁人能作最后五分钟的奋斗，我们处处显得是虎头蛇尾。一个身体羸弱的人不能是一个快活的人，你害点小病就知道；也不能是一个心地慈祥的人，你偶尔头痛牙痛或是大便不通，旁人的言动笑貌分外显得讨厌。如果你相信身体羸弱不妨碍你做一个有道德的人，援甘地为例，那我就要问你：世间数得出几个甘地？而且甘地是否真像你们想像的那样羸弱？一切道德行为都由意志力出发。意志的"力"固然起于知识与信仰，似乎也有几分像水力电力蒸汽力，还是物质的动作发生出来的。这就是说，它和体力不是完全无关。世间意志力最薄弱的人怕要算鸦片烟鬼，你看过几个烟鬼身体壮健？你看过几个烟鬼不时常在打坏主意？意志力薄弱的人都懒，懒是万恶之源。就积极方面说，懒人没有勇气，应该奋斗时不能奋斗，遇事苟且敷衍，做不出好事来。就消极方面说，懒人一味朝抵抗力最低的路径走，经不起恶势力的引诱，惯欢喜做坏事。懒大半由于体质弱，燃料不够，所以马达不能开满。"健全精神宿于健全身体。"身体不健全而希望精神健全，那是希望奇迹。

其次是科学家的头脑。生活时时刻刻要应付环境，环境有应付的必要，就显得它有困难有问题。所以过生活就是解决环境困难所给的问题，做学问如此，做事业如此，立身处世也还是如此。一切问题的解决方法都须遵照一个原则，在紊乱的事实中找出一些条理秩序来。这些条理秩序就是产生答案的线索，好比侦探一个案件。你第一步必须搜集有关的事实，没有事实做根据，你无从破案，有事实而你不知怎样分析比较，你还是不一定能破案。会尊重事实，会搜集事实，会见出事实中间的关系，这就是科学家的本领。要得到这本领，你必须冷静、客观、虚心、谨慎，不动意气，不持成见，不因个人利害打算而歪曲真理。合理的世界才是完美的世界，世界所以有许多不合理的地方，就因为大部分人没有科学的头脑，见理不透。比如说，社会上许多贪污枉法的事，做这种事的人都有一个自私的动机，以为损害了社会，自己可以占便宜。其实社会弄得不稳定了，个人决不能享安乐。所以这种自私的人还是见理不透，没有把算盘打清楚。要社会一切合理化，要人生合理化，必须人人都明理，都能以科学的头脑去应付人生的困难。单就个人来说，一个头脑糊涂的人能在学问或事业上有伟大的成就，我是没有遇见过。

第三是宗教家的热忱。"过于聪明"的人（当然实在还是聪明不够）有时看空了一切，以为是非善恶悲喜成败反正都不过是那么一回事。让它去，干我什么？他们说："安邦治国平天下，自有周公孔圣人。"人人都希望旁人做周公孔圣人，于是安邦治国平天下就永远是一场幻梦。宗教家大半盛于社会紊乱的时代，他们看到人类罪孽痛苦，心中起极大的悲悯，于是发下志愿，要把人类从水深火热中拯救出来，虽然牺牲了自己，也在所不惜。孔子说："鸟兽不可与同群，吾非斯人之徒与而谁与？天下有道，丘不与易也。"释迦说："我不入地狱，谁入地狱？"这都是宗教家的伟大抱负。他们不但发愿，而且肯拚命去做。耶稣的生平是极好的例证，他为着要宣传他的福音，不惜抛开身家妻子，和犹太旧教搏斗，和罗马帝国搏斗，和人世所难堪的许多艰难困苦搏斗，而终之以一死，终于以一个平民的力量掉翻了天下。古往今来许多成大事业者虽不必都是宗教家，却大半有宗教家的热忱。他们见得一件事应该做，就去做，就去做到底，以坚忍卓绝的精神战胜一切困难，百折不回。我们现在所处的是一个紊乱时代，积重难返，一般人都持鱼游釜中或是鸵鸟把眼睛埋在沙里不去看猎户的态度，苟求一日之安，这时候非有一种极大的力量不能把这局面翻转过来。没有人肯出这种力量，或是能出这力量，除非他有宗教家的慈悲心肠和宗教家的舍己为人奋斗到底的决心毅力。

最后是艺术家的胸襟。自然节奏有起有伏，有张有弛，伏与弛不单是为休息，也不单是为破除单调，而是为精力的生养储蓄。科学易流于冷酷干枯，宗教易流于过分刻苦，它们都需要艺术的调剂。艺术是欣赏，在人生世相中抓住新鲜有趣的一面而流连玩索；艺术也是创造，根据而又超出现实世界，刻绘许多可能的意象世界出来，以供流连玩索。有艺术家的胸襟，才能彻底认识人生的价值，有丰富的精神生活，随处可以吸收深厚的生命力。我们一般人常因于饮食男女功名利禄的营求，心地常是昏浊，不能清明澈照；一个欲望满足了，另一个欲望又来，常是在不满足的状态中，常被不满足驱遣作无尽期的奴隶。名为一个人，实在是一个被动的机械，处处受环境支配，作不得自家的主宰。在被驱遣流转中，我们常是仓皇忙迫，尝无片刻闲暇，来凭高看一看世界，或是回头看一看自己；不消说得，世界对于我们是呆板的，自己对于我们也是空虚的。试问这种人活着有什么意味？能成就什么学问事业？所谓艺术家的胸襟就是在有限世界中做自由人的本领；有了这副本领，我们才能在急忙流转中偶尔驻足作一番静观默索，作一番反省回味，朝外可以看出世相的庄严，朝内可以看出人心的伟大。并且不仅看，我们还能创造出许多庄严的世相，伟大的人心。在创造时，我们依然是上帝，所以创造的快慰是人生最大的快慰。创造的动机是要求完美，迫令事实赶上理想；我们要把现实人生、现实世界改造得比较完美，也还是起于艺术的动机。

如果一个人具备这四大条件，他就不愧为完人了。我并不认为他是超人，因为体育选手、科学家、宗教家、艺术家，都不是神话中的人物，而是世间有血有肉的真实人物。以往有许多人争取过这些名号的。人家既然可以做得到，我就没有理由做不到。我们不能妄自菲薄，自暴自弃。

（载《青年杂志》第 1 卷第 3 期，1943 年 8 月）

谈谦虚

　　说来说去，做人只有两桩难事，一是如何对付他人，一是如何对付自己。这归根还只是一件事，最难的事还是对付自己，因为知道如何对付自己，也就知道如何对付他人，处世还是立身的一端。

　　自己不易对付，因为对付自己的道理有一个模棱性，从一方面看，一个人不可无自尊心，不可无我，不可无人格。从另一方面看，他不可有妄自尊大心，不可执我，不可任私心成见支配。总之，他自视不宜太小，却又不宜太大，难处就在调剂安排，恰到好处。

　　自己不易对付，因为不容易认识，正如有力不能自举，有目不能自视。当局者迷，旁观者清。我们对于自己是天生成的当局者而不是旁观者，我们自囿于"我"的小圈子，不能跳开"我"来看世界、来看"我"，没有透视所必需的距离，不能取正确观照所必需的冷静的客观态度，也就生成地要执迷，认不清自己，只任私心、成见、虚荣、幻觉种种势力支配，把自己的真实面目弄得完全颠倒错乱。我们像蚕一样，作茧自缚，而这茧就是自己对于自己所错认出来的幻相。真正有自知之明的人实在不多见。"知人则哲"，自知或许是哲以上的事。"知道你自己"一句古训所以被称为希腊人最高智慧的结晶。

"知道你自己"，谈何容易！在日常自我估计中，道理总是自己的对，文章总是自己的好，品格也总是自己的高，小的优点放得特别大，大的弱点缩得特别小。人常"阿其所好"，而所好者就莫过于自己。自视高，旁人如果看得没有那么高，我们的自尊心就遭受了大打击，心中就结下深仇大恨。这种毛病在旁人，我们就马上看出；在自己，我们就熟视无睹。

希腊神话中有一个故事。一位美少年纳西司（Narcissus）自己羡慕自己的美，常伏在井栏上俯看水里自己的影子，愈看愈爱，就跳下去拥抱那影子，因此就落到井里淹死了。这寓言的意义很深永。我们都有几分"纳西司病"，常因爱看自己的影子堕入深井而不自知。照镜子本来是好事，我们对于不自知的人常加劝告："你去照照镜子看！"可是这种忠告是不聪明的，他看来看去，还是他自己的影子，像纳西司一样，他愈看愈自鸣得意，他的真正面目对于他自己也就愈模糊。他的最好的镜子是世界，是和他同类的人。他认清了世界，认清了人性，自然也就会认清自己，自知之明需要很深厚的学识经验。

德尔斐神谕宣示希腊说：苏格拉底是他们中间最大的哲人，而苏格拉底自己的解释是：他本来和旁人一样无知，旁人强不知以为知，他却明白自己的确无知，他比旁人高一着，就全在这一点。苏格拉底的话老是这样浅近而深刻，诙谐而严肃。他并非说客套的谦虚话，他真正了解人类知识的限度。"明白自己无知"是比得上苏格拉底的那样哲人才能达到的成就。有了这个认识，他不但认清了自己，多少也认清了宇宙。孔子也仿佛有这种认识。他说："吾有知乎哉，无知也。"他告诉门人："知之为知之，不知为不知，是知也。"所谓"不知之知"正是认识自己所看到的小天地之外还有无边世界。

这种认识就是真正的谦虚。谦虚并非故意自贬声价，作客套应酬，像虚伪者所常表现的假面孔；它是起于自知之明，知道自己所已知的比起世间所可知的非常渺小，未知世界随着已知世界扩大，愈前走发见天边愈远。他发见宇宙的无边无底，对之不能不起崇高雄伟之感，返观自己渺小，就不能不起谦虚之感。谦虚必起于自我渺小的意识，谦虚者的心目中必有一种为自己所不知不能的高不可攀的东西，老是要抬着头去望它。这东西可以是全体宇宙，可以是圣贤豪杰，也可以是一个崇高的理想。一个人必须见地高远，"知道天高地厚"才能真正地谦虚；不知道天高地厚的人就老是觉得自己伟大，海若未曾望洋，就以为"天下之美尽在己"。谦虚有它消极方面，就是自我渺小的意识；也有它积极方面，就是高远的瞻瞩与恢阔的胸襟。

看浅一点，谦虚是一种处世哲学。"人道恶盈而喜谦"，人本来没有可盈的时候，自以为盈，就无法再有所容纳，有所进益。谦虚是知不足，"知不足然后能自强"。一切自然节奏都是一起一伏。引弓欲张先弛，升高欲跳先蹲，谦虚是进取向上的准备。老子譬道，常用谷和水。"谷神不死"、"旷兮其若谷"、"上善若水"、"天下莫柔弱于水而攻坚强者莫之能胜"。谷虚所以有容，水柔所以不毁。人的谦虚可以说是取法于谷和水，它的外表虽是空旷柔弱，而它的内在的力量却极刚健。《大易》的谦卦六爻皆吉。作《易》的人最深知谦的力量，所以说，"谦尊而光，卑而不可逾"。道家与儒家在这一点认识上是完全相同的。这道理好比打太极拳，极力求绵软柔缓，可是"四两拨千斤"，极强悍的力士在这轻推慢挽之前可以望风披靡。古希腊的悲剧作者大半是了解这个道理的，悲剧中的主角往往以极端的倔强态度和不可以倔强胜的自然力量（希腊人所谓神的力量）搏斗，到收场时一律被摧毁，悲剧的作者拿这些教训在观众心中引起所谓"退让"(resignation)情绪，使人恍然大悟，在自然大力之前，人是非常渺小的，人应该降下他的骄傲心，顺从或接收不可抵制的自然安排。这思想在后来耶稣教中也很占势力。近代科学主张"以顺从自然去征服自然"，道理也是如此。

看深一点，谦虚是一种宗教情绪。这道理在上文所说的希腊悲剧中已约略可见。宗教都有一个被崇拜的崇高的对象，我们向外所呈献给被崇拜的对象是虔敬，向内所对待自己的是谦虚。虔敬和谦虚是宗教情绪的两方面，内外相应相成。这种情绪和美感经验中的"崇高意识"（sense of the sublime）以及一般人的英雄崇拜心理是相同的。我们突然间发现对象无限伟大，无形中自觉此身渺小，于是栗然生畏，肃然起敬；但是惊心动魄之余，就继以心领神会，物我交融，不知不觉中把自己也提升到那同样伟大的境界。对自然界的壮观如此，对伟大的英雄如此，对理想中所悬的全知全能的神或尽善尽美的境界也是如此。在这种心境中，我们同时感到自我的渺小和人性的尊严，自卑和自尊打成一片。

　　我们姑拿两首人人皆知的诗来说明这个道理。一是陈子昂的，"前不见古人，后不见来者。念天地之悠悠，独怆然而涕下！"一是杜甫的，"侧身天地常怀古，独立苍茫自咏诗"。我们试玩味两诗所表现的心境。在这种际会，作者还是觉得上天下地，唯我独尊，因而踌躇满志呢，还是四顾茫茫，发见此身渺小而怅然若有所失呢？这两种心境在表面上是相反的，而在实际上却并行不悖，形成哲学家们所说的"相反者之同一"。在这种际会，骄傲和谦虚都失去了它们的寻常意义，我们骄傲到超出骄傲，谦虚到泯没谦虚。我们对庄严的世相呈献虔敬，对蕴藏人性的"我"

也呈献虔敬。

有这种情绪的人才能了解宗教，释迦和耶稣都富于这种情绪，他们极端自尊也极端谦虚。他们知道自尊必从谦虚做起，所以立教特重谦虚。佛家的大戒是"我执"、"我谩"。佛家的哲学精义在"破我执"。佛徒在最初时期都须以行乞维持生活，所以叫做"比丘"。行乞是最好的谦虚训练。耶稣常溷身下层阶级，一再告诫门徒说："凡自己谦卑像这小孩的，他在天国里就是最大的"，"你们中间谁为大，谁就要做你们的用人，自高的必降为卑，自卑的必升为高"。这教训在中世纪发生影响极大，许多僧侣都操贱役，过极刻苦的生活，去实现谦卑（humiliation）的理想，圣佛兰西斯是一个很美的例证。

耶佛和其他宗教都有膜拜的典礼，它的意义深可玩味。在只是虚文时，它似很可鄙笑；在出于至诚时，它却是虔敬和谦虚的表现，人类可敬的动作就莫过于此。人难得弯下这个腰干，屈下这双膝盖，低下这颗骄傲的心，在真正可尊敬者的面前"五体投地"。有一次我去一个法会听经，看见皈依的信士们进来时恭恭敬敬地磕一个头，出去时又恭恭敬敬地磕一个头。我很受感动，也觉得有些些尴尬。我所深感惭愧的倒不是人家都磕头而我不磕头，而是我的衷心从来没有感觉到有磕头的需要。我虽是愚昧，却明白这足见性分的浅薄。我或是没有脱离"无明"，没有发现一种东西叫我敬仰到须向它膜拜的程度；或是没有脱离"我谩"，虽然发现了可膜拜者而仍以膜拜为耻辱。

"我谩"就是骄傲，骄傲是自尊情操的误用。人不可没有自尊情操，有自尊情操才能知耻，才能有所谓荣誉意识（sense of honour），才能有所为有所不为，也才能发奋向上。孔子说："知耻近乎勇"，和《学记》的"知不足然后能自强"、《易经》的"谦尊而光，卑而不可逾"两句名言意义骨子里相同。近代心理学家阿德勒(Adler)把这个道理发挥得最透辟。依他看，我们有自尊心，不甘居下流，所以发现了自己的缺陷，就引以为耻，在心理形成所谓"卑劣结"(inferiority complex)，同时激起所谓"男性的抗议"(masculine protest)，要努力弥补缺陷，消除卑劣，来显出自己的尊严。努力的结果往往不但弥补缺陷，而且所达到的成就反比本来没有缺陷的更优越。希腊的德摩斯梯尼本来口吃，不甘心受这缺陷的限制，发愤练习演说，于是成为最大的演说家。中国孙子因膑足而成兵法，左丘明因失明而成《国语》，司马迁因受宫刑而作《史记》，道理也是如此。阿德勒所谓"卑劣结"其实就是谦虚、"知耻"或"知不足"；他的"男性抗议"就是"自强"、"近乎勇"或"卑而不可逾"。从这个解释，我们也可以看出谦虚与自尊心不但并不相反，而且是息息相通。真正有自尊心者才能谦虚，也才能发奋为雄。"尧，人也，舜，人也，有为者亦若是"，在作这种打算时，我们一方面自觉不如尧舜，那就是谦虚，一方面自觉应该如尧舜，那就是自尊。

骄傲是自尊情操的误用，是虚荣心得到廉价的满足。虚荣心和幻觉相连，有自尊而无自知。它本来起于社会本能——要见好于人；同时也带有反社会的倾向，要把人压倒，它的动机在好胜而不在向上，在显出自己的荣耀而不在理想的追寻。虚荣加上幻觉，于是在人我比较中，我们比得胜固然自骄其胜，比不胜也仿佛自以为胜，或是丢开定下来的标准，另寻自己的胜处。我们常暗地盘算：你比我能干，可是我比你有学问；你干的那一行容易，地位低，不重要，我干的才是真正了不起的事业；你的成就固然不差，可是如果我有你的地位和机会，我的成就一定比你更好。总之，我们常把眼睛瞟着四周的人，心里作一个结论："我比你强一点！"于是伸起大拇指，洋洋自得，并且期望旁人都甘拜下风，这就是骄傲。人之骄傲，谁不如我？我以压倒你为快，你也以压倒我为快。无论谁压倒谁，妒忌、忿恨、争斗以及它们所附带的损害和苦恼都在所不免。人与人，集团与集团，国家与国家，中间许多灾祸都是这样酿成的。"礼至而民不争"，礼之端就是辞让，也就是谦虚。

　　欢喜比照人己而求己比人强的人大半心地窄狭，谩世傲物的人要归到这一类。他们昂头俯视一切，视一切为"卑卑不足道"，"望望然去之"。阮籍能为青白眼，古今传为美谈。这种谩世傲物的态度在中国向来颇受人重视。从庄子的"让王"类寓言起，经过魏晋清谈，以至后世对于狂士和隐士的崇拜，都可以表现这种态度的普遍。这仍是骄傲在作祟。在清高的烟幕之下藏着一种颇不光明的动机。"人都龌龊，只有我干净"（所谓"世人皆浊我独清"），他们在这种自信或幻觉中酖醉而陶然自乐。熟看《世说新语》，我始而羡慕魏晋人的高标逸致，继而起一种强烈的反感，觉得那一批人毕竟未闻大道，整天在臧否人物，自鸣得意，心地毕竟局促。他们忘物而未能忘我，正因其未忘我而终亦未能忘物，态度毕竟是矛盾。魏晋人自有他们的苦闷，原因也就在此。"人都龌龊，只有我干净。"这看法或许是幻觉，或许是真理。如果它是幻觉，那是妄自尊大；如果它是真理，就引以自豪，也毕竟是小气。孔子、释迦、耶稣诸人未尝没有这种看法，可是他们的心理反应不是骄傲而是怜悯，不是遗弃而是援救。长沮、桀溺说："滔滔者天下皆是，而谁以易之。"孔子说："鸟兽不可与同群，吾非斯人之徒与而谁与？"这是谩世傲物者与悲天悯人者在对人对己的态度上的基本分别。

人生本来有许多矛盾的现象，自视愈大者胸襟愈小，自视愈小者胸襟愈大。这种矛盾起于对于人生理想所悬的标准高低。标准悬得愈低，愈易自满，标准悬得愈高，愈自觉不足。虚荣者只求胜过人，并不管所拿来和自己比较的人是否值得做比较的标准。只要自己显得是长子，就在矮人国中也无妨。孟子谈交友的对象，分出"一乡之善士"、"一国之善士"、"天下之善士"、"古之人"四个层次。我们衡量人我也要由"一乡之善士"扩充到"古之人"。大概性格愈高贵，胸襟愈恢阔，用来衡量人我的尺度也就愈大，而自己也就显得愈渺小。一个人应该有自己渺小的意识，不仅是当着古往今来的圣贤豪杰的面前，尤其是当着自然的伟大、人性的尊严和时空的无限。你要拿人比自己，且抛开张三李四，比一比孔子、释迦、耶稣、屈原、杜甫、米开朗琪罗、贝多芬或是爱迪生！且抛开你的同类，比一比太平洋、大雪山、诸行星的演变和运行，或是人类知识以外的那一个茫茫宇宙！在这种比较之后，你如果不为伟大崇高之感所撼动而俯首下心，肃然起敬，你就没有人性中最高贵的成分。你如果不盲目，看得见世界的博大，也看得见世界的精微，你想一想，世间哪里有临到你可凭以骄傲的？

在见道者的高瞻远瞩中，"我"可以缩到无限小，也可以放到无限大。在把"我"放到无限大时，他们见出人性的尊严；在把"我"缩到无限小时，他们见出人性在自己小我身上所实现的非常渺小。这两种认识合起来才形成真正的谦虚。佛家法相一宗把叫做"我"的肉体分析为"扶根尘"，和龟毛兔角同为虚幻，把"我"的通常知见都看成幻觉，和镜花水月同无实在性。这可算把自我看成极渺小。可是他们同时也把宇宙一切，自大地山河以至玄理妙义，都统摄于圆湛不生灭妙明真心，万法唯心所造，而此心却为我所固有，所以"明心见性"，"即心即佛"。这就无异于说，真正可以叫做"我"的那种"真如自性"还是在我，宇宙一切都由它生发出来，"我"就无异于创世主。这对于人性却又看得何等尊严！不但宗教家，哲学家像柏拉图、康德诸人大抵也还是如此看法。我们先秦儒家的看法也不谋而合。儒本有"柔懦"的意义，儒家一方面继承"一命而偻，再命而伛，三命而俯，循墙而走"那种传统的谦虚恭谨，一方面也把"我"看成"与天地合德"。他们说："返身而诚，万物皆备于我矣"，"能尽人之性，则能尽物之性；能尽物之性，则可以赞天地之化育，与天地参矣"。他们拿来放在自己肩膀上的责任是"为天地立心，为生民立命，为往圣继绝学，为万世开太平"。这种"顶天立地，继往开来"的自觉是何等尊严！

意识到人性的尊严而自尊，意识到自我的渺小而自谦，自尊与自谦合一，于是法天行健，自强不息，这就是《易经》所说的"谦尊而光，卑而不可逾"。

（载《当代文艺》第 1 卷第 2 期，1944 年 2 月）

给苦闷的青年朋友们

朋友们：

我是中年以上的人，处在现在这个环境，几乎没有一天不感觉苦闷，你们正当血气旺盛，感觉锐敏，情感丰富的时候，苦闷的程度当然比我的更深。因为年龄的悬殊，我们在经验与见解上不免有些隔阂；但是我也经过了青年时代，我想你们的心绪是我能够了解的，而且能够同情的，你们的环境之中哪一件叫你们能不苦闷呢？先说家庭。你们多数人一进了学校，就和家庭隔绝，在教育上得不到家庭的督导，在经济上得不到家庭的援助，在情感上得不到家庭的温慰，你们就像失巢的孤雏，零丁孤苦地在这广大而残酷的世界里自奔前程，自寻活计。并且在一般穷困流离的情况之下，许多家庭都不免有些不如意的事，有些是贫病交加，有些是家败人亡，这尤其使流亡在远方的子弟们时时抱着一种沉忧隐痛。

其次说到学校，这些年来我都厕身教育界，说起来不能不惭愧，学校对于你们都没有尽到它应尽的职责。它只奉行公事，贩卖一点知识，没有顾到真正的学术研究，没有顾到校里的社会生活，更没有顾到人格薰陶。你们虽是处在一大群人之中，实际上每个人都是孤独的，寂寞的，与教师无往来，与同学往来也不多，终日独行踽踽，茫茫不知所之，加以经济压迫，使你们多数人在最需要营养的发育期，缺乏最低限度的营养，以至由虚而弱，由弱而病，在应该活泼泼的青春就感到病的纠缠与死的恐怖。你们许多人都像破墙脚下石头压着的萎黄的小草，无论在生理上或是在心理上，很少有是健康的。

最伤心的当然还是时局。抗战胜利带来了多么大的喜悦与希望！而这喜悦与希望不到一两年就打得粉碎。于今战氛蔓延全国，经济濒于破产，眼看全体崩溃与侵略势力的闯入就在目前，这怎能叫人不忧惧，不愤恨？这事实纠葛之中又夹杂着政治思想的问题，而这问题是青年人所特别关心的。在中国和在全世界一样，很显然地摆着两个路线，两个壁垒，一是英美所代表的民主制度，一是苏联所代表的共产制度。究竟哪一条路是将来世界的出路呢？哪一条路比较适合现在中国的国情呢？青年朋友们未必有资料与时间对这些问题作周密的检讨，往往凭着片面的带有哄骗性的宣传文字，把自己摆到某一方的旗帜之下，这与其说是思想的归宿，无宁说是情感的寄托。在情感酝酿之中产生了某一面政治理想，而任何一面政治理想在中国都和事实起剧烈的冲突，甲路碰了壁而乙路也未必走得通，究竟中国有没有出路呢？世界有没有出路呢？原来想在一种政治理想上寄托情感与希望，而事实到处予以强烈的否认，于是情感与希望仍然是落空虚悬。不仅在中国，在整个世界，战争与毁灭的黑影都常在面前幌摇，这怎能叫人不心焦气闷？

在这种种情形之下，人人都感觉到压迫、窒息、寂寞和空虚，而你们青年人所感觉到的当然更尖锐。于今世界已成为一个息息相关的有机体，世界没有出路，国家不会有出路，国家没有出路，个人也决没有出路。这一连串的铁环是没有人能打破的。不过有一点我们可以确定：假如要把世界和国家扭转到正轨，必须个别分子的努力。"事在人为"，于今谁可为呢？不消说得，要有一批有朝气的人才能做出一番有朝气的事业，造就一种有朝气的乾坤。像我们这辈子中年以上的人们在心理发展上都已成为定型，暮气已深；因循坐误大事的是我们这一辈子人，要想我们变成另样的人来把世事弄好，那希望恐甚渺茫。我们说这话也很痛心，但是不幸这是事实。所以我们不能不殷切寄望于你们这一辈子青年人，望你们不再像我们这样无能，终有一日能挽回这个危亡的局面。但是目睹你们的苦闷消沉的情形，我们也不免倮倮危惧。你们能否如我们所殷切属望的，担当得起这个重大的责任呢？我们中年以上人之中常有人窃窃私语，说我们这一辈子人固然不行，下一辈子人还更不如我们。如果真是一蟹不如一蟹，中国不就完事大吉了吗？我们忏悔自己种因不善，造成一种环境，叫你们不得不苦闷消沉，同时，我们也不甘心就这样了局，尽管病已垂危，一息尚存，我们仍望能起死回生，而这起死回生的力量就来自你们。在这忏悔与希望之中，我们想以过来人的资格，向你们进一点苦口婆心的忠告。

苦闷本身不一定就是坏事，它可能由窒息而死，也可能由透气而生。它是或死或生之前的歧途，可以引入两个极端相反的世界。我知道有许多人由苦闷而消沉，由消沉而堕落；也有许多人由苦闷而挣扎，由挣扎而成功。苦闷总比麻木不仁好，苦闷至少表示对现实的缺陷还有敏感，还可以激起求生的努力；麻木不仁就只有因循堕落那一个归宿，苦闷是波澜，麻木不仁就是死水。处在现在这样的环境而能不苦闷，那就是无心肝，那就是社会血液中致死的毒素。现在你们青年人还能苦闷，那就表现中国生机未绝。我们中国的老教训是国家与个人"恒存乎灾患疢疾"，"独孤臣孽子，其操心也危，其虑患也深，故达"。有一种苦闷是孤臣孽子的苦闷，也有一种苦闷是失败主义者的苦闷。你们的苦闷自居哪一种呢？这是必须深加省察的。如果是孤臣孽子的苦闷，那就终有"达"的一日；如果是失败主义者的苦闷，那就是暮气的开始，终必由消沉而堕落了。

苦闷是危难时期青年人所必经的阶段，但是这只能是一个阶段，不能长久在这上面停止着。若是止于苦闷，也终必消磨锐气，向引起苦闷的恶势力缴械投降。我所谓孤臣孽子的苦闷是奋斗的激发力，挣扎的前序曲。问题是：向什么目的或方向去奋斗挣扎呢？"工欲善其事，必先利其器"，如果改造社会、挽救中国是你们所要做的"事"，你们自己的品格、学识和才能就是"器"。我们中年以上这一辈子人所以把中国弄得这样糟，就误在这个"器"太不"利"了。比如说，现代国家离不开工业，我们工业人才不如人，所以落后；民主国家要有够水准的公民，我们的教育不如人，所以产生一些腐败无能的官吏和视国事不关痛痒的人民。其它一切事没有做好，也都由于做事人的质料太差。你们埋怨旁人没有把事做好，假如让你们自己来，试问你们的品格是否能保证你们能不像过去人那样贪污腐败？你们的学问才具是否能保证你们不像过去人那样无能？假如你在学外交，你是否比现在办外交的人有较深切的国际关系的认识和令人较能钦佩的风度与才具？假如你在学医，你是否有希望能比过去的医生或你的老师较高明？假如你们的品格、学识和才能都不比过去人强，让你们来接他们的事，你们就决不会比他们有较好的成就。那么，你们就不配埋怨旁人，更不配谈什么革命或改造社会，你们凭什么去改造呢？社会并不是借一些空洞的口号标语所可改造得了的，也不是借一些游行集会可改造得了的。我们在青年时代也干过这些勾当，可是不幸得很，社会到现在比从前还更糟，而我们现在还要以过来人的资格向你们这一辈子青年人作这样苦口婆心的劝告，这是命运给我们的一种最冷酷的嘲笑，我们只希望你们的下一辈子人不至再"以后人哀前人"。

（载《周论》第 1 卷第 17 期，1948 年 5 月）

《国民阅读经典》（平装）书目

元曲三百首　吕玉华评注

诗词格律　王力著

经典常谈　朱自清著

毛泽东诗词欣赏（插图典藏本）　周振甫著

三国史话　吕思勉著

中国史纲　张荫麟著

中国近百年政治史　李剑农著

中国近代史　蒋廷黻著

乡土中国（插图本）　费孝通著

朝花夕拾（典藏对照本）　鲁迅原著　周作人解说　止庵编订

中国哲学史大纲　胡适著

中国哲学简史　冯友兰著

东西文化及其哲学　梁漱溟著

世界美术名作二十讲　傅雷著

谈修养　朱光潜著

谈美书简　给青年的十二封信　朱光潜著

查拉图斯特拉如是说　〔德〕尼采著　黄敬甫、李柳明译

蒙田随笔　〔法〕蒙田著　马振聘译

宽容　〔美〕房龙著　刘成勇译

希腊神话　〔俄〕尼·库恩著　荣洁、赵为译

物种起源 〔英〕达尔文著 谢蕴贞译

圣经的故事 〔美〕房龙著 张稷译

人类群星闪耀时 〔奥地利〕茨威格著 梁锡江、段小梅译

梦的解析 〔奥地利〕弗洛伊德著 高申春译 车文博审订

菊与刀 〔美〕鲁思·本尼迪克特著 胡新梅译

沉思录 〔古罗马〕马可·奥勒留著 何怀宏译

理想国 〔古希腊〕柏拉图著 刘国伟译

国富论 〔英〕亚当·斯密著 谢祖钧译

名人传（新译新注彩插本） 〔法〕罗曼·罗兰著 孙凯译

拿破仑传 〔德〕埃米尔·路德维希著 梁锡江、石见穿、龚艳译

君主论 〔意〕马基雅维利著 吕健忠

新月集 飞鸟集 〔印度〕泰戈尔著 郑振铎译

论美国的民主 〔法〕托克维尔著 周明圣译

旧制度与大革命 〔法〕托克维尔著 高望译